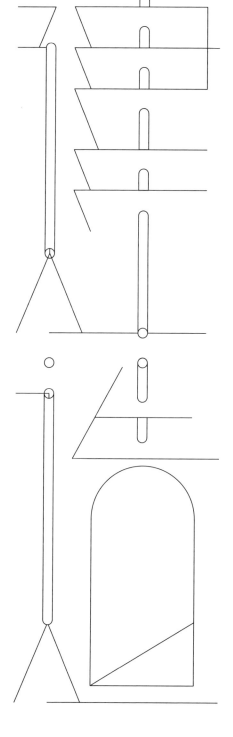

建造

BUILT

*The hidden stories
behind
our structures*

结
构
工
程
背
后
的
故
事

Roma Agrawal
[印] 罗玛·阿格拉瓦尔——著

张依玫——译

Beijing United Publishing Co.,Ltd.
北京联合出版公司

图书在版编目（CIP）数据

建造 / (印) 罗玛·阿格拉瓦尔著；张依玫译 . --
北京 : 北京联合出版公司 , 2022.4
ISBN 978-7-5596-5847-0

Ⅰ . ①建… Ⅱ . ①罗… ②张… Ⅲ . ①建筑—普及读
物 Ⅳ . ① TU-49

中国版本图书馆 CIP 数据核字 (2022) 第 018140 号

© ROMA AGRAWAL, 2018

This translation of BUILT: THE HIDDEN STORIES BEHIND OUR STRUCTURES is published
by Ginkgo (Beijing) Book Co., Ltd. by arrangement with Bloomsbury Publishing Plc through Big
Apple Agency, Inc., Labuan, Malaysia.
本书版权归属于银杏树下（北京）图书有限责任公司
著作权合同登记号：图字 01-2022-0666

建 造

著　者 : [印] 罗玛·阿格拉瓦尔　　　　译　者 : 张依玫
出品人 : 赵红仕　　　　　　　　　　　选题策划 : 后浪出版公司
出版统筹 : 吴兴元　　　　　　　　　　特约编辑 : 崔　星
责任编辑 : 徐　鹏　　　　　　　　　　营销推广 : ONEBOOK
装帧制造 : 墨白空间·曾艺豪

北京联合出版公司出版
（北京市西城区德外大街 83 号楼 9 层 100088 ）
嘉业印刷（天津）有限公司印刷　新华书店经销
字数 160 千字　889 毫米 × 1194 毫米　1/32　7.75 印张　插页 4
2022 年 4 月第 1 版　2022 年 4 月第 1 次印刷
ISBN 978-7-5596-5847-0
定价 : 60.00 元

目　录

1
楼　层

　　我一只手抓着我的宝贝猫咪娃娃，生怕把它弄丢了；另一只手牵着妈妈的裙子。周遭是新鲜、陌生、未知的世界，在我眼前倏倏而过，让我既害怕又兴奋，只好牢牢抓住这仅有的两样熟悉的东西。

　　如今，每当提起曼哈顿，我总会回想起自己在敏感的儿时第一次去那里的所见所闻：汽车尾气的奇怪味道，街边卖柠檬汁小贩的吆喝，还有成群而过的人们，毫无歉意地与我撞个满怀。对于一个远离大城市生活的孩子来说，我被这些所见所感完全淹没了。这里没有空旷的天空，取而代之的是挡住天空的玻璃、钢筋和高楼。这些怪物一般的东西是什么？我怎么才能爬上去？从空中看它们是什么样子的？母亲拉着我穿过繁忙的街道，而我像被这些高耸入云的大厦震住了一般，抬着头左顾右盼，在她身后走得跌跌撞撞。

　　回到家，我用玩具吊车搭出我看到的高楼大厦；在学校，我在白纸上用鲜艳的颜色画出高高的长方形；这些年来，我一次又一次重访纽约，欣赏不断变化的天际线上新出现的高楼。纽约已经成了我精神版图的一部分。

我的父亲做电气工程师时，我们一家在美国生活过几年，但住的不是那种像在曼哈顿之行中让我惊叹不已的摩天大楼，而是北部高地上一个吱嘎作响的木房子。我六岁时父亲放弃工程师的工作，接管了孟买的家族生意，于是我们搬到了一幢面朝阿拉伯海的七层混凝土高楼里。在行李仓里度过了漫长的海上旅程后，我的芭比娃娃们也终于完好无损地到了新家，让她们住得舒服当然也同样重要。爸爸帮我重新拼装起玩具吊车，铺开一张床单以免丢失零件。在嘈杂的呼呼声中，我吊起塑料长管，移动纸板，为我的娃娃建造了一个小屋。这也许就是我工程职业生涯的第一步。

我有一口美国口音，并且性格还有一些古怪（你很快就会发现），在新学校里我很快就受到其他同学的排挤。我被一些同学戏称为"老学究"（scholar）。但渐渐地，我也结识了一些理解我的朋友和老师。

我戴着大大的金边眼镜，如饥似渴地阅读物理、数学和地理课本，我也热爱艺术课，但对化学、历史和语文稍感吃力。我的母亲在大学学的是数学和科学，职业是计算机程序员，因而她十分鼓励我发展对科学和数学的兴趣，还会给我布置额外的作业和阅读。在中学时数学和科学是我喜欢的科目，我还曾决心长大之后成为一名宇航员或建筑师。那时我甚至从未听说过"结构工程师"这个词，也从未想象过有一天我会参与设计一座宏伟的摩天高楼——伦敦碎片大厦（The Shard）。

父母看我这么好学，便决定送我出国完成学业，他们认为这是一个增长见识的好机会。因此十五岁时，我来到了伦敦学习高等数学、物理和设计。就这样我再次来到一个新的国家、新的学校，但这回我很快就找到了同类——像我一样着迷于法拉第定律、出于兴趣在实验室里做实验的女孩们，还有优秀的老师为我在大学学习物理打下了基础。之后我又来到了牛津大学。

物理对我来说并不难，但是在大学并非如此——至少刚开始时不是。光既是波也是粒子？时空可以弯曲？时间旅行在数学理论上是可能的？我被这些问题深深吸引，同时又感到难以理解。我在学业上总比同学慢几步。当我终于弄懂一些问题时，我就会获得极大的成就感。我用交谊舞和拉丁舞课平衡在图书馆里紧张的学习，并学着洗衣服和做饭（但并不娴熟），开始学着照料自己。我很享受物理学习，小时候成为宇航员或者建筑师的梦想则成了遥远的回忆。与此同时，我对自己今后的人生也依稀有了设想。

有一年夏天，我在牛津大学物理系工作，负责绘制不同建筑中所有防火安全设施。我的工作并不惊天动地，但坐在我旁边的同事做的工作却在改变世界。他们是工程师，负责设计一种装置，让物理学家可以找到决定世界运行方式的粒子。也许你已经猜到，我纠缠着他们问各种问题，并对他们做的工作惊叹不已。他们工作的其中之一是为镜片设计一个金属容器——也许你认为很简单，但整个设备会处于零下 70 摄氏度的低温中，金属比玻璃热胀冷缩得更厉害，因此容器设计必须巧妙而谨慎，否则降温后的金属就会把玻璃压碎。这不过是整个设备中很小的一环，却非常复杂，富有挑战性，需要创新。我的大部分闲暇时间都在思考如何解决这个问题。

突然之间，我意识到：我想做的正是用物理和数学解决实际问题，并且在这一过程中以某种方式让世界变得更好。也正是在这时，我童年时对摩天大厦的热爱又从我记忆深处浮现。然后我决定成为一名结构工程师，设计建筑。为了从物理学家转变为工程师，我在伦敦帝国理工学院学习了一年，毕业之后开始工作——也开始了我的工程师生涯。

作为一名结构工程师，我要保证我设计的建筑物屹立不倒。过去几十年里我参与了各类结构的建设。我是伦敦碎片大厦——西欧最高的大楼——设计团队的一员，我们花了六年的时间计算露天尖顶和地基；我还参与设计了纽卡斯尔（Newcastle）的一座人行天桥和伦敦水晶宫车站（Crystal Palace Station）的顶棚。我设计了上百座公寓楼，让一幢乔治时代建筑风格的联排别墅重焕昔日的风采，还让一位艺术家的雕塑结构保持稳定。我的工作是用数学和物理创造新的东西（这本身就非常有趣），但远远不止如此。首先，现代工程项目依靠的是大规模的团队合作，像历史上维特鲁威（Vitruvius，他写下了第一本建筑原理）或者菲利波·布鲁内莱斯基（Filippo Brunelleschi，他建造了佛罗伦萨大教堂令人惊叹的穹顶）一样的工程师都是伟大的建筑专家，他们知道建造一幢房子所需要的每一项技术。今天，建筑物更复杂，技术也更先进，没有人能凭一己之力完成项目的所有设计，每个人都有自己的专长，挑战就在于将所有人团结起来，让材料、物理和数学计算交织成一场安静而狂热的舞蹈。我与建筑师和其他工程师一起进行设计问题的头脑风暴。我们的图纸帮助场地管理员和测量员计算成本、统筹物料。工地上的工人则将材料打造成我们设计的模样。有时真的很难想象所有这些复杂的活动最终会变成一座实实在在的建筑物，屹立几十年甚至几百年。

对我来说，我设计的每一幢新建筑都像人一样，会成长、会形成自己的性格。一开始我们通过几张草图交流，慢慢地我开始知道应该用什么支撑她，如何使她屹立不倒并随着时间发展不断进化。我在她身上花的时间越多，就越尊重甚至越热爱她。完工的时候，我可以与她相见，在她周围踱步。甚至在这之后，至少对我来说，我对她的责任依然延续。然后我远远地看着别人取代我的位置，与我的作品发生关联，把她变成自己的家或者办公室，让她保护着他们不受外界干扰。

当然，我对自己参与过的建筑物的感情是非常个人化的，但其实我们都与身边的工程紧密相关——我们走的路，通过的隧道，跨过的桥梁。它们让我们的生活更便利，我们则需要维护管理它们。它们成了我们生活中虽不起眼但至关重要的部分。我们走进摆着一排排整齐办公桌的摩天大楼时会感到严肃且专业；地铁车窗外飞驰而过的钢环会让我们意识到行驶的速度；凹凸不平的砖墙和鹅卵石小径让人回忆过去，向我们诉说着遥远的历史。构筑物塑造并维系着我们的生活，是我们存在的基础。我们常常忽略它，但构筑物是有故事的。横跨河流的巨大桥梁上方绷紧的铁索、摩天塔楼玻璃外墙下的钢筋骨架、我们脚下开凿的下水道和隧道——这些东西构成了我们建造的世界，充分显示了人类的巧思，诉说着人与人、人与自然的互动关系。我们所处的被工程塑造的世界，不断变化，充满了故事和秘密，如果你有一对会聆听的耳朵和一双会发现的眼睛，就会体验到建筑物无穷的魅力。

我希望你也能通过本书发现这些故事、发掘其中的奥秘；希望你对身处的环境会有新的认识，看待每天上穿、下行或经过的每一幢建筑的方式也会随之改变；你对家、所在的城市或村镇会产生新的好奇；看待世界也会有新的视角——工程师的视角。

2

受 力

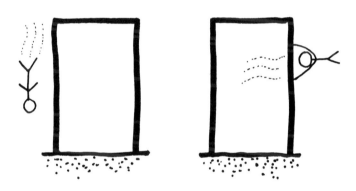

　　站上或者走进自己设计的作品是一种奇妙的感觉。我大学毕业后的第一个项目是英国纽卡斯尔诺森比亚大学（Northumbria University）的一座人行天桥。我用了两年的时间研究建筑师的方案，做了上百页计算和无数计算机模型，努力使他们的设想成为现实。最终天桥建成了。起重机和挖掘机开走之后，我终于有机会站上我参与创造的这个钢铁建筑物了（图2.1）。

　　我当时站在桥前方的平地上，准备向前走。我现在依然记得当时的心情：我很兴奋，但同时又感到难以置信——我惊叹于自己参与建造了这座美丽的大桥，它横跨于此，每天有几百人穿梭来往。我仰望它高耸的钢制桅杆和牵引钢索，它们支撑着修长的桥面横跨机动车道——它毫不费力地承受着自身的重量和我的重量。栏杆的角度经过精心设计，让人难以攀爬，反射着冷冷的日光。在我的下方是呼啸而过的汽车和卡车，我却对它们视而不见，对一个自豪地站在"她的大桥"上的年轻工程师来说，她只深深惊叹于自己对这个世界实实在在的贡献（图 2.2）。

　　当然，我脚下的大桥是十分坚固的。毕竟所有的数字和模型都经过仔细计算并运行过，大桥的预期受力也接受了一遍又一遍的检查。因为作为一名工程师不能犯错。我深知每天都会有上千人使用我设计的结构：他们在上面行走，或在其中工作、生活，从不会担忧我的作品可能会让他们失望。我们信任、依赖工程学，而建造坚固可靠的结构就是工程师的责任。尽管如此，历史证明错误在所难免。1907 年 8 月 29 日下午，魁北克市的居民以为发生了地震，但实际上在 15 千米之外，更难以想象的事情发生了。圣劳伦斯河（Saint Lawrence River）的河岸上金属破裂的声音响彻云霄，一座建造中的大桥铆钉断裂。在工人惊恐的注视下，铆钉弹射而出，大桥的钢支撑结构则像纸片一样弯折，随后便和上面的大部分建筑工人一起坠入了水中。这是历史上最严重的一次大桥坍塌事件，它残酷地证明了管理和计算错误会造成怎样的灾难。

图 2.1 诺森比亚大学天桥，建于 2007 年，用于连接大学的两个主要校区——英国，泰恩河（Tyne）河畔纽卡斯尔。本图由马丁·埃弗里（Martin Avery）提供。

图 2.2 站在我作为工程师的第一个项目诺森比亚大学天桥上。本图由约翰·帕克（John Parker）和罗玛·阿格拉瓦尔提供。

*

桥梁使城市的范围延伸，将人会聚起来，促进商贸和交流。英国议会从 19 世纪 50 年代就开始争论是否要在圣劳伦斯河上建桥。技术上的挑战非常大：河道最窄的地方也有 3 千米，河水又深又急，而且冬季河水结冰，会在河道形成 15 米高的冰块。最终魁北克桥梁公司（Quebec Bridge Company）决定接手这一项目。1900 年，地基建造开始了。

公司的总工程师爱德华·霍尔（Edward Hoare）从未做过跨度 90 米以上的桥梁（甚至项目的最初规划也只有 480 多米的净跨度——即桥梁没有支撑部分的长度）。因此公司做出了让西奥多·库珀（Theodore Cooper）担任咨询工作的重大决定。当时库珀被公认为是美国最好的桥梁工程师之一，他还写过一篇关于铁路桥中钢的使用的得奖论文。理论上他应该是最理想的人选。然而，问题从一开始就埋下了伏笔。库珀住在很远的纽约，身体状况又不好，所以很少去现场。但他坚持独自负责监管钢材料的制造和建设，并拒绝任何人检查他的设计，只依靠与他相比经验不足的手下——检查员诺曼·麦克鲁尔（Norman McLure）掌握现场进度。1905 年，钢结构开始施工，但在接下来的两年里，麦克鲁尔对工程进展越发担心。首先，从工厂运来的钢材料比他预计的要重，有一些甚至由于自身重量被压弯了。更让人担心的是，工人安装好的很多钢构件在大桥完工之前就已经出现了变形，这是钢构件的强度无法承受所加重量的信号。

　　钢构件变形是因为库珀改变了桥梁原设计。他将中间跨度（桥梁中间没有支撑的部分）增加到了近549米。库珀的野心可能蒙蔽了他的判断：他也许想要成为世界上跨度最大的斜拉桥的工程师，当时这一荣誉属于苏格兰的福斯桥（Forth Bridge）。桥梁的跨度越大，建造所需的材料就越多，桥也就越重。库珀的新设计比原方案重约18%，但由于计算不够仔细，他误以为结构的强度足以承受这部分多出的重量。麦克鲁尔并不同意，两人就此问题互通信件进行争论，但并没有解决问题。

　　最终，麦克鲁尔实在放心不下，暂停施工，乘火车去纽约与库珀面谈。但在他不在时，现场的一位工程师违背了麦克鲁尔的指示，工人又重新开始组装大桥，结果以悲剧收场。仅在15秒之内，大桥的整个的南边部分——19 000吨的钢铁——就坠入了河

图2.3　横跨加拿大魁北克圣劳伦斯河上的魁北克大桥，1907年施工时坍塌后的废墟景象。本图出自马修斯少校（Major Matthews）的收藏。

中，导致 86 名施工工人中有 75 人丧生（图 2.3）。

　　各种问题与错误导致了大桥坍塌。这场悲剧更加说明，在没有设计师现场监督的情况下，将大权全部交予一个工程师是多么危险。自此以后，加拿大和其他各地都成立了专业工程师组织来管理这一行业，以免重蹈覆辙。但说到底，最大的责任还是在西奥多·库珀，他低估了大桥的重量。最终大桥的建造方式不足以承受自己的重量。

*

　　魁北克大桥的轰然倒塌表明，重力会给一个有瑕疵的人工构筑物带来多么灾难性的后果。工程师的主要工作就是弄清楚如何才能让结构经受住各种力量带来的推、拉、摇晃、扭曲、挤压、弯曲、撕、崩、断，或者碎裂。在许多项目中，重力都是设计中不可忽略的关键。它是无处不在的力量，将太阳系凝聚在一起，也将我们星球上所有的物体向地心吸引。它在所有物体中产生的力就是重力，这种力在物体中传导，想象一下身体各部分的重量——手的重量作用于胳膊，对肩膀产生拉力，又间接作用于脊柱。力沿着脊柱到达臀部，并在这里通过骨盆一分为二，顺着两腿传至地面。就像用木棍搭一座塔，然后像从顶部倒水一样，水会顺着各个部位往下流，在每个岔口处分流。

　　因此，在规划一座建筑时，工程师必须理解力的传导和力的种类，并确保传导力的结构足够坚固。

　　重力（还有如风和地震等其他现象）在结构中主要产生两类

力：压力和拉力。如果你用纸板卷成一个圆柱体，直立在桌面上，在上面放一本书，书就会将纸筒压向桌面。这个力（即书的质量乘以重力加速度）通过纸筒传导至桌面——就像你身体的重量通过双腿传导一样。纸筒（像你的双腿一样）承受着压力。

反过来，如果你把书系在绳子的一端，拎起另一端的话，被拎起的书——依然受到重力作用——也在拉着绳子。来自书的力传导至绳子，对其施加拉力。这与手的重量对胳膊作用的力是同样的（图 2.4）。

在图 2.4 的左图中，书没有倒塌到桌子上，因为纸筒的强度能够承受书本对其施加的压力。在图 2.4 右图中，书安全地悬挂在绳子上，因为绳子的强度也足以承受对其施加的拉力。

想要让纸筒倒塌的话，可以使用更重的书。因此书对于支持它的物体施加的力也更大。纸筒强度不足以支撑时，就会坍塌，书就倒向桌面；拉力超过绳子的强度，绳子就会断开，书就会掉落。

桥梁承受的力来自自身的重量，以及在桥上穿行的人和交通工具的重量。在做诺森比亚大学天桥项目的时候，我计算出结构承受的力来自何处，从而算出每一部分承受着多少压力和拉力。

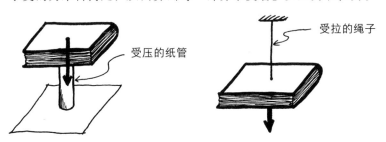

图 2.4　以压力（左）和拉力（右）支撑书本。

我用计算机模型检测大桥的每个部分，由此计算出需要用多少钢才能让大桥不会过分弯曲、坍塌或断裂。

*

　　力的种类和传导方式取决于结构的组合形式。主要有两种，一种是承重体系（load-bearing system），一种是框架体系（frame system）。

重量通过墙体传导 → 承重体系

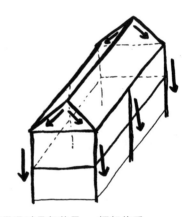

重量通过骨架传导 → 框架体系

图 2.5　建造房屋的两种方式——使用承重墙（左）或框架结构（右）。

　　我们祖先的夯土房——用泥土压成圆形或方形的厚墙——就是以承重体系建造而成的。这些单层房子的墙十分厚实，构成了一个承重体系：结构的重量能够以压力的方式通过夯土墙自由传导（图 2.5 左图）。就像架在纸筒上的书一样，纸筒的每一面都承受着同样的压力。如果房子加盖一层，某一时刻压力就会超出承重土墙的承受范围，墙体就会坍塌，就像更重的书会压扁纸筒一样。

我们的祖先能够取得木材之后，他们就开始用框架体系建造房屋——将木材组合成能够传导力的框架（图 2.5 右图）。为了抵御外部气候对内部空间的影响，木柱之间会用动物皮毛或者植物的编织物围合起来。夯土房的厚实墙体承受重量，保护住在其中的人。而木屋则由两个不同系统构成：承受重量的木架和不承重的动物皮毛构成的"墙体"。承重体系和框架体系本质的不同就是两者传递力的方式不一样。

随着时间推移，我们用于建造承重墙和框架的材料变得越来越复杂。砖石被用于建造承重结构，它们比泥土更结实。19 世纪 80 年代工业革命之后，我们开始大规模生产钢铁，于是我们不仅在轮船和武器制造中使用金属，更将其应用于建筑之中。混凝土也被再次发现（古罗马人已经知道如何制造混凝土，但罗马帝国覆灭时这一技术也随之失传）。这些技术的发展永远改变了我们建造的结构。由于钢铁和混凝土比木材坚实得多，也更适于建造大型框架，我们便能够建造更高的塔楼和跨度更大的桥梁。今天，最为庞大和复杂的建筑——如有着优雅弧形钢架的悉尼海港大桥（Sydney Harbour Bridge，图 2.6），由几何三角形构成的赫斯特大厦（Hearst Tower），以及 2008 年北京奥运会标志性建筑国家体育场（鸟巢）——使用的都是框架体系。

拱形钢桁架

受拉力的桥索

图 2.6　悉尼海港大桥于 1932 年完工，连接澳大利亚悉尼中心商业区和北岸区（North Shore），能够同时通行火车、汽车和行人。© kokkai

*

设计一幢新建筑的时候，首先我会认真研究建筑师精心绘制的图纸，了解他们对于建筑建成后效果的设想。接着，工程师们会很快形成一个 X 光视角，透过图纸上的建筑看到支撑重力和受到的其他各种力的骨架。我会想象建筑的脊柱应该在哪，支撑的骨架应该如何连接，它们又应该有多大才足以让结构稳定。我用一支黑色的马克笔在建筑图纸上画出草图，加上"骨骼"与"肌肉"。彩色建筑图上的黑色粗线为图纸增加了一些结实感。当然，我与建筑师会做很多讨论——很多时候非常激烈：我们需要彼此妥协，才能达成方案。有时我需要在图纸上的开阔空间加一根柱子；有时他们认为我在某处添加的结构并不是必需的，可以留出空间。出现技术问题的时候，我们需要理解彼此的出发点：我们必须在视觉美观和技术可靠性之间达成平衡。最终，我们会形成一个结构稳定与外形美观（几乎）完美共存的设计。

结构的框架是一个由柱（column）、梁（beam）、支柱（brace）构成的系统。柱子是骨架中竖直的部分，梁是水平的部分，其他角度的支撑结构则是支柱（也被称为"strut"）。例如悉尼海港大桥，你会看到它是由各种角度的钢架构成——柱、梁和支柱互相拉扯。理解了柱和梁如何相互作用、相互支撑，它们如何传导力，更重要的是它们在什么情况下会断裂，我们就能通过设计使其不会坍塌。

虽然柱子在近千年的历史中都被用于支撑重力，但古希腊和古罗马人还将其发展成了一种艺术。雅典帕特农神庙的美感与力量感很大程度上都来自外围一圈有着凹槽装饰的大理石多立克式柱子。罗马古广场遗迹里也有很多宏伟的柱子，或支撑着神庙仅存的脆弱构件，或高高耸立、直指蓝天。当然，这些柱子有着非常实际的作用——支撑结构——但这并不影响古代工程师在大自然和神话的启发下用雕刻装饰它们（科林斯柱的柱头就雕刻着繁复的卷叶）。传说古希腊雕塑家卡利马科斯（Callimachus）在少女科林斯的坟头发现了一个篮子，上面长满了莨苕叶，他由此得到灵感，发明了科林斯柱式。罗马古广场有十几处科林斯柱的实例。几个世纪以来，科林斯柱都是公共建筑的经典形式，例如美国最高法院的立面（多指建筑外墙的正面）就以科林斯柱装饰，我居住的维多利亚街区的一幢公寓则是另一个低调一些的例子。

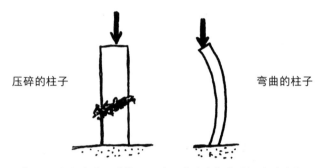

图 2.7　柱子无法承重的两种情况：被压碎（左）或被压弯（右）。

柱子承受压力以提供支撑。柱子无法承重的一种情况是受压太大，构成柱子的材料无法支撑而被压碎（图 2.7 左图）——就像放上很重的书后纸筒坍塌一样。另一种情况是形变弯曲。将一把塑料尺直立在桌子上，用手掌向下按压：你会发现尺子变弯了。你越使劲压，尺子弯曲得就越多，直到断裂。这一现象模拟了图 2.7 右图的情况。

设计柱子需要把握微妙的平衡。柱子越细就越节省空间，但如果太细了，它承载的重量又会将其压弯。同时，你还希望材料足够坚实，不会被压碎。古代建筑中使用的柱子通常比较粗壮、厚重，用石头制成，不大可能弯曲。相反，现代的钢铁或混凝土通常更细，更容易发生形变。

尺子存在宽面和窄面，也就存在强轴和弱轴：你向下按压的时候就会发现，它会沿着比较弱的轴线弯曲。为了防止这一现象，现代钢柱的截面通常会做成 H 形，混凝土柱则会做成正方形或长方形，这样两个轴的强度都差不多，柱子能承受的力就更大（图 2.8）。

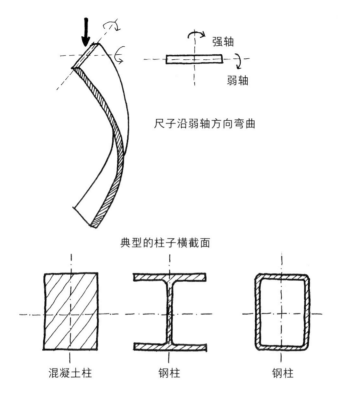

强轴

弱轴

尺子沿弱轴方向弯曲

典型的柱子横截面

混凝土柱　　　　钢柱　　　　钢柱

图 2.8　尺子的形变说明了细长的片状结构会沿着弱轴方向发生弯曲（上）。而柱子，不论是混凝土柱还是钢柱，会通过设计防止其沿任何一轴的方向弯曲（下）。

*

　　梁的作用方式不同，它们是楼层的骨架。我们站在梁架上的时候，它会微微弯曲，将重量传导至支撑它的柱子上。柱子则受到压力，将重量传导至地面。如果你站在梁的中部，梁的两端将各承受你一半的重量和梁自身一半的重量。这些重量再通过柱子向下传导。我们不希望站在梁上时梁架弯曲得太厉害，一方面是

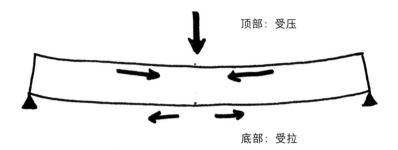

图 2.9　梁受力时会发生形变，顶部受压力，底部受拉力。

因为如果脚下的承载体不断发生形变的话会让人很不舒服，另一方面是因为梁可能会断裂。梁需要足够硬，我们可以利用改变厚度、形状或者使用特殊材料来加固它。

　　当梁受力弯曲时，力在梁上的传导是不均匀的。梁的顶部被压，底部则被拉伸：顶部受压力，底部受拉力（图 2.9）。试试用手掰断一根胡萝卜：随着你逐渐将其掰成 U 形，最终底部会断裂。胡萝卜的底部无法承受拉力时就会如此。如果你用不同直径的胡萝卜反复实验，就会发现细的胡萝卜更容易掰弯。想要让粗的胡萝卜达到同样的弯曲程度，需要的力量就更大。同样，梁越粗，强度就越大，在同样的负载下形变就越小。

　　使用特殊的几何形状是增加梁架坚固性的另一方法（图 2.10）。梁受到的最大压力在顶部，受到的最大拉力在底部。因此在顶部和底部使用的材料越多，梁能承受的力也就越大。将这两条原则——厚度和几何——相结合，我们就能得到梁的最佳形态：工字形（即截面呈"工"字），因为受力最大的顶部和底部的材料

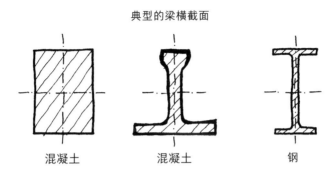

典型的梁横截面

混凝土　　　　混凝土　　　　钢

图 2.10　为了防止形变，梁会制造成特殊的几何形状。

最多。大多数的梁是工字形（它们与 H 形的柱子略有不同，工字梁的厚度大于宽度，而 H 形柱子更接近方形）。混凝土梁也可以造成这种形状，但往长方形模具里浇灌混凝土更容易，因此出于成本和简便性的考虑，大多数混凝土梁只是简单的长方形。

　　像魁北克大桥一样的大型桥梁由于跨度太大，并不能使用普通的工字梁。达到这么大的跨度需要的工字梁会非常厚、非常重，根本没有办法施工。因而我们会利用三角形的稳定性，使用另一种结构：桁架（truss）。

　　将四根棍子绑成一个正方形，向一边推，正方形就会变成一个菱形，然后就会崩开。三角形则不会这样形变开裂（图 2.11）。桁架就是一个由梁、柱和支柱构成的三角形系统，将力分摊在不同部位。在制造桁架时，我们会使用更小、更轻的中空构件，这样就用工字梁使用的材料更少。

　　构建桁架结构更容易，因为可以把小构件运输到工地后再拼装起来。大多数桥梁都会在一些部分使用桁架结构。例如金门大四边形不如三角形稳定！

图 2.11   四边形本质上不如三角形稳定。

桥：整个桥面两侧的金属结构都重复着同样的构造，看起来像一个 N 字连着一个反转的 N 字，一个接一个——这就是精心设计的三角桁架（图 2.12）。

*

重力对地球上的所有物体都施加了一个可知的力。工程师了解它之后，可以设计柱子、梁和桁架来支撑它。但其他一些同样不可避免的力，想要通过方程计算解决则不那么容易。其中之一就是风力。风力十分随意、不断波动、不可预期，一直以来都是工程的难题。如果想要结构保持稳定，就必须解决它。

我去雅典时，最令我感到兴奋的一个纪念物是罗马市场遗迹（Roman Agora）里的一个白色大理石八角塔，就在卫城以北（图 2.13）。八角塔出自一位马其顿天文学家安德罗尼柯（Andronicus of Cyrrhus）之手，建于公元前 50 年左右，名为"安德罗尼柯的天文钟"（Horologion of Andronikos Kyrrhestes），又名"风塔"（Tower of the Winds）。它由八个日晷、一个水钟和一个风向标构

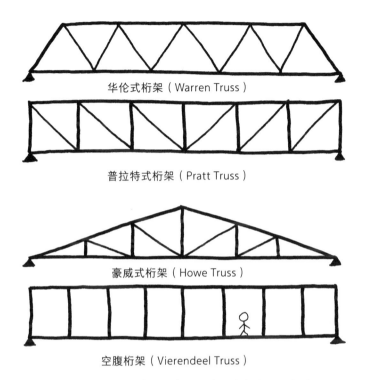

图 2.12　大多数的桁架由三角形构成，也有一些会使用四边形。

成。我绕塔而行，发现塔的每一面顶部都有一块浮雕，分别刻着八位长着翅膀的风神。他们的面容或严肃，或和善，有的手捧双耳瓶，有的挽着一束花。原本在塔顶还有一座特里同[1]的青铜雕像风向标，手指着风神吹抚的方向。

　　这座塔表明了古罗马人对风和其毁灭性力量的敬畏。古罗马

---

① 特里同（Triton）是古希腊神话中海之信使，通常以人鱼的形象被人所知。——译者注

图 2.13 建于希腊雅典，公元前 2 世纪至公元前 1 世纪的安德罗尼柯的天文钟（风塔）。©Dennis K. Johnson

建造大师马尔库斯·维特鲁威·波利奥（Marcus Vitruvius Pollio，生于公元前 80 年）被称为"历史上第一位建筑师"，在他影响深远的 10 卷本关于结构设计的巨著《建筑十书》（*De Architectura*）里，就花了极大篇幅谈论风的重要性。在第一卷中，他告诉我们风的四个主要方向：东（*Solanus*），南（*Auster*），西（*Favonius*），北（*Septentrio*）——以及其他四个方向，分别位于每两个主方向之间。

古罗马工程师对风在不同方向上的不同作用已经有了如此深刻的了解，我对此感到十分惊讶。虽然现代工程师计算风力的方法更为精密，但我们工作的基础早已刻在 2 000 年前这座八角塔的浮雕之上了。

*

风作用于地球上的每一个结构。如果建筑高度不足 100 米，我在设计中通常只使用风向图。风向图是一种气象图，利用几十年时间收集的数据，画出某一地点各个方向上的基本风速。我以风向图为基础，加上其他决定性数据，如建筑地点离海的距离、建筑高度、周边地形的变化（山形地貌或者建筑数量）等，用公式综合计算出建筑在 12 个方向上——每 30 度一个方向——所受到的风力。这与维特鲁威的书和安德罗尼柯的浮雕中的 8 个方向相差并不多。

但如果我要设计更大一些的结构，例如摩天大楼，风向图的数据就不够了。风力不是线性的：随着高度增加，风力的改变不可预测。用高 100 米的建筑的风力数据或者用数学技巧来推测 300 米高的建筑所受到的风力，只会得到与现实不一致的数据。因此，必须在风洞中对结构进行测试。

我在设计伦敦摄政运河（Regent's Canal）旁一幢 40 层高的塔楼时，就参观过一处这样的设施。风洞实验室位于米尔顿凯恩斯（Milton Keynes），里面的微型世界本身就让人惊叹。模型师制作了我设计的建筑的缩小模型，是真实大小的二百分之一。不仅如此，他们还制作了这一地区周围所有建筑的复制品模型，将整个模型放置在一个旋转台上。建筑周边的构筑物对于数据收集至关重要。如果塔楼位于一片旷野之中的话，风力会直接作用在塔楼上，不受任何物体阻挡。但在城市之中，高密度的城市肌理和其中的各类建筑物会影响风向和气流，建筑所受到的风力也会因此有很大不同。

　　我站在模型之后，顺着风洞——一条四面光滑的长长的正方形通道——望去，另一头是一台巨大风扇。设定的风速是建筑在某一方向上实际受到的风速。确定了连接各个装置的线路检查无误，人员准备就绪后，风扇被打开。我做好准备，扇叶呼呼旋转，阵阵凉风吹过我前方的城市模型，吹到我的脸上。而在我的模型建筑里，上千个感应器检测着受到的推力或拉力，并将数据传给计算机。接着转盘会旋转 15 度，重复整个过程，直到 24 个方向上的数据都传到系统之中。接下来几个星期，实验室的工程师们会处理数据，准备报告。我将他们提供的数据输入电脑中进行测试。我设计的建筑必须在每个方向上都能承受风力所产生的不同影响。

　　风对建筑的负面影响有三类。首先，如果地面上的建筑很轻，风会吹倒它，就像暴风之后倒在路边的锥形交通路标。其次，如果地面不够坚实，风会导致建筑移位或下沉，就像大风天里的帆船。风的力量将船在水面上推移——对于划船来说自然是再好不过了。但你绝不希望建筑或者桥梁被风吹得在地面上平移。当然，土壤不像水一样有流动性，所以你不会在暴风之中看到建筑在你眼前漂移（如果你真的看到了这一场景，请相信我的专业建议：朝另一方向逃跑）。但土壤依然可以被压缩移动，因此工程师需要给建筑提供"锚"——即地基——使其不会移动。

第三类影响类似于在海面上起伏的小船。建筑像树一样，根据风力的强弱前后摇晃——这是正常的，也是安全的。但建筑不像树一样摇晃得那么厉害，通常很难察觉。塔楼的设计中，晃动的程度通常最大不超过高度的五百分之一，即一座 500 米高的塔楼晃动距离不会超过 1 米。如果晃动得太快，你可能会感到头晕。

防止建筑被吹倒的一个方法是使其足够重。过去的建筑一般相对比较低，又以砖、石建造，因此重量足够抵御风力的威胁。但建筑高度越高，所受的风力就越大。20 世纪起，随着我们建造的建筑越来越高，越来越轻，风力逐渐成了必须重视的一种力。

此外，对现代摩天大楼来说，仅靠自身的重力常常不足以使其屹立不倒。因此工程师必须使结构更为坚硬，以抵御风力。如果你见过狂风中的树木是如何被风吹弯，又了解过树是如何抵抗风力的话，你大概就能理解工程师让现代建筑在大风中屹立不倒的基本原理了。正如树木的牢固来自深扎泥土的根系和十分柔韧的树干一样，建筑的稳定性通常也取决于由钢筋混凝土构成的核心筒（core）。

建筑的核心筒（图 2.14）——正如字面所指，通常在塔楼的中心部位——是正方形或长方形的一圈墙体，贯穿于塔楼整个垂直方向上，就像人体的脊柱。建筑的楼层与核心筒墙体相连。我

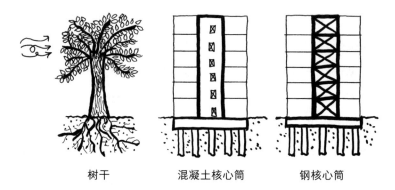

树干　　　　　　混凝土核心筒　　　　　钢核心筒

图 2.14　建筑的核心筒，不论是由混凝土还是钢制成，其设计目的都是为结构提供一个稳定的"树干"，因此必须深深扎根在地下。

们通常注意不到核心筒墙体的存在，因为它们设计得很隐蔽，通常核心筒墙体内隐藏着如电梯、楼梯、通风管道、电线、水管等重要的服务设施（图 2.15）。

　　风作用于建筑时，力传导至核心筒并穿过它。建筑的核心筒是一个杠杆——像跳水板的结构一样，一端固定，另一端能自由

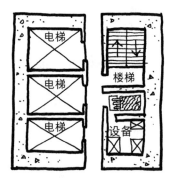

混凝土核心筒墙体平面图

图 2.15　建筑的核心筒通常隐藏在结构的中心部位，同时也为重要的服务设施提供了合适的空间。

移动。核心筒的设计需要有一定的韧性，让风力能够通过它传导到地基中，从而确保核心筒和整个建筑的稳定——就像根系帮助树木抵抗并分散风力一样。

混凝土核心筒的墙体由坚固的混凝土构成（在特定部位为电梯或楼梯门开的洞除外），因而相对坚硬。钢核心筒则不同：如果简单地将混凝土换成钢的话，不仅成本高昂，重量也会大大增加。钢的自重就使建造几乎不可能完成。因此钢核心筒不使用实心墙体，而是用柱和梁组成三角形或四边形的框架或桁架。

钢或混凝土墙体每个部分所受的风力取决于风的方向。电脑模型中有风洞实验提供的 24 个方向上的风力值。风力产生压力或拉力，作用于钢核心筒框架的梁、柱和支柱或者混凝土核心筒的墙体。计算机会算出核心筒中每个部位在每个方向上所受的压力和拉力。接着我们采用压力和拉力的最大值设计每一块钢构件或混凝土墙体，根据受力不同改变钢构件的大小或混凝土墙的厚度。这样核心筒在任何风向下都能保证建筑的稳定。检查其中一个部分在 24 个不同方向上的受力已经非常复杂，更不用说检查整个核心筒了。幸运的是，现在计算机的处理能力已经足以承担这些繁重的计算，这使工程师的工作更轻松了。

*

位于伦敦圣玛丽斧街 30 号（St Mary Axe）的大楼在风中保持稳定的方式有所不同。大楼高 41 层，形状像一根小黄瓜（"小黄瓜"也是它的昵称）。这座建筑有着优雅的圆柱弧线，外壳是深

三角形构成的斜肋构架

图2.16　伦敦圣玛丽斧街30号大楼，2012年竣工，昵称为"小黄瓜"，通过外部钢架抵御外力。©Prisma by Dukas Presseagentur GmbH / Alamy Stock Photo

浅不一的蓝色玻璃，穿插着巨大的菱形交叉钢架（图2.16）。

　　核心筒像是脊柱或者骨架，从内部为建筑提供支撑。但圣玛丽斧街30号大楼由外骨架支撑。这种外骨架——工程术语叫作"外斜撑框架"（external braced frame）或者"斜肋构架"（diagrid）——就像乌龟壳一样。与抵抗外力的内部结构不同，它是靠外壳或外框架抵抗外力。受到风力时，斜肋构架的钢架体系会将力传导至地基，保持建筑稳定。

图 2.17 巴黎蓬皮杜中心, 由钢杆网构成外斜撑框架支撑。©Fernand Ivaldi

另一个令人惊叹的外斜撑框架案例是巴黎的蓬皮杜艺术中心(Centre Pompidou)。建筑师伦佐·皮亚诺(Renzo Piano)、理查德·罗杰斯(Richard Rogers)和詹弗兰科·弗兰基尼(Gianfranco Franchini)设计的一座内外翻转的建筑。所有的管线——如给排水管、电线、通风管,甚至是楼梯、电梯和扶梯(通常都是隐藏起来的)——都放在了建筑的外部。正是这些细节抓住了人们的视线,让人印象深刻:蜿蜒的管道被涂成白色、蓝色或绿色;半透明的扶梯曲折向上。再仔细端详,你会发现整个建筑都被包裹在巨大的 X 形杆架网格中,由它帮助建筑保持稳定、抵御风力。这就是一副交织在通风管和排水管中的外骨架(图 2.17)。

作为一名结构工程师,我喜欢研究建筑是如何运行、了解力

是如何传递的。与其将看起来乏善可陈但至关重要的系统隐藏或
伪装起来，不如像蓬皮杜中心的设计理念一样，把它们都暴露出
来，这样十分真诚，令人愉悦，也让我们能够一览其结构的特质。

*

　　斜肋构架和核心筒不仅仅是为了防止建筑倾倒——它们还能
防止建筑摇晃。看起来非常坚固的钢筋混凝土结构可以移动，这
听起来似乎不可思议——但的确如此。摇晃本身并不是问题：问
题是建筑摇晃的速度和时长。经过多年的实验，我们已经能够确
定晃动的加速度（测量物体速度改变快慢的量）多大时人类会有
所感知。例如在飞机上，虽然飞机飞行速度很快，但在平稳飞行
时你几乎感觉不到移动；但遇到气流时，速度会突然快速变化，
这时你就会有感觉。建筑也一样：它们会发生很大的移动，但只
要加速度很小，你几乎不会有感觉。但如果加速度很大，即使建
筑只移动了一点点，你也会感到头晕。

　　影响我们的不仅仅是加速度。建筑持续晃动的时长——即它
来回摆动的时间——也会让我们感到不稳定。还是以跳水板为例：
从跳板上起跳入水后，板子会一直振动，慢慢停下。厚度较大、
一端固定得比较稳的板子振动幅度更小，恢复平静的时间也更短。
薄而软、固定得比较松的板子则会产生较大的振幅，振动时间也
更长。

　　设计高楼时，我必须确保大楼摇晃的加速度在人可以感知的
范围之外，并且会很快停下来。

设计结构时用来解决重力和风力的计算机模型同样也能帮助我解决这一问题。我把材料、形状、梁、柱和核心筒的大小等数据输入系统，软件就会分析风力、材料的坚固程度和几何结构数据，最后计算出加速度的大小。如果比人感知的临界值要小，那么就不需要干预了，但如果加速度比临界值大，我就需要让结构更坚固。这可以通过增加核心筒混凝土墙体厚度，或加粗钢核心筒里的支柱达到。然后再次运行模型，有时需要重复多次，直到达到理想的加速度值。

塔楼越高、越细，晃动就越明显。有时加固结构也无法控制加速度大小和晃动时长，在这种情况下，即使建筑本身是安全的，在里面的人也会感到不安全。这时我们就需要用向相反方向摆动的调谐质量阻尼器（tuned mass damper）人为控制晃动程度。

每一个物体，包括建筑，都有自己的固有频率，即受到干扰时一秒钟振动的次数。歌剧演唱家能够震碎红酒杯也是由于玻璃有自己的固有频率，如果演唱的音高频率与玻璃的固有频率一样，歌声的能量就会让玻璃剧烈振动，最后破裂。同样，风（或地震）也能够使建筑以某一频率振动。如果建筑的固有频率与风或地震引起的振动频率一样，建筑就会振动得更加剧烈，从而被破坏。这一现象（即物体在固有频率上的剧烈振动）就是"共振"。

摆（本质是由绳索拴着的重物）会来回摆动。绳子的长度或锁链的坚固程度决定了摆在固定时间内摆动的次数。用摆来抵消摩天大楼自身的晃动，关键就在于（用计算机模型）计算出大楼的固有频率，然后在顶部装一个频率相似的摆。当风或地震作用

楼会晃动——
摆则会向相反方向摆动

图 2.18　摆通过向相反方向摆动抵消高楼的晃动。

于大楼时，楼会开始前后晃动，摆也会随之摆动——但是方向与大楼相反（图 2.18）。

你可以通过按住音叉的一头使其停止振动——同时也停止其发出声响。手指吸收了振动的能量。对于摇晃的大楼也是一样的原理。建筑就像是音叉，摆就像你的手指，吸收了大楼晃动的能量，使其晃动幅度越来越小。结构的晃动被阻抑（因此该装置叫作"阻尼器"），在里面的人就感受不到了。

台北 101 大厦位于中国台湾台北市，高 509 米，2004 年竣工时是世界第一高楼（图 2.19）。它独特的建筑美学，名不虚传：建筑灵感来源于中国的古塔和竹子，由八个梯形部分构成，让人联想起脊柱，形态自然，又像从地里节节长出的竹子一样——绿色的玻璃窗也增强了这一视觉想象。

101 大厦另一个有名之处，是在 92 层和 87 层之间悬挂着的巨大钢球（图 2.20）。钢摆重 660 吨，是世界上所有摩天大楼之中最重的。它还是著名的旅游景点（体积巨大、外形优雅、表面亮黄，像来自科幻电影里一样）。但它实际的作用是保护大厦，抵御城市可能遭受的台风和地震。建筑在暴风中摇晃，或者地震来临、地面震动时，摆就会启动，通过摆动吸收大厦晃动的能量。2015年 8 月，台风苏迪罗（Soudelor）席卷台湾岛，风速高达每小时170 公里，但 101 大厦毫发无损。它的救星就是这个阻尼摆，当

图 2.19　509 米高的台北 101 大厦冲破了中国台湾台北市的天际线。©Craig Ferguson

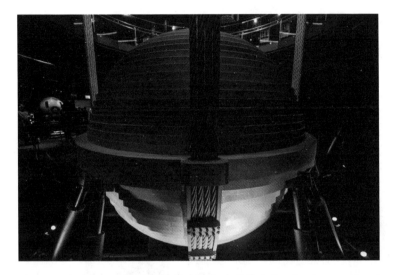

图 2.20　台北 101 大厦里的摆是其抵御地震的法宝。©Robert Harding / Alamy Stock Photo

时摆动量达 1 米，是其摆动的最高纪录。

*

　　工程师用阻尼摆对抗风力和地震，因为两者都是水平方向上的随机力。但地震可能造成更严重的毁灭性影响，因此我们需要其他的预防措施。地震具有可怕的毁灭性力量，人类曾以各种方式解释其来源。例如在古印度神话中，四只驮着地球的大象移动或者舒展身体时就会地震；而在北欧神话中，当洛基（Loki，灾难之神，因犯错而被关在山洞中）努力挣脱束缚时大地就会颤抖；日本人则怪罪于栖于泥土之下的大鲶，神明用大石将其压住，但有时大鲶会趁神明不备到处游窜，造成地震。今天，我们对于地球的周期性震动有了不那么引人入胜但更为准确的解释——当地壳的不同层相对运动时就会发生地震。巨大的能量从一点爆发：这一点就是震中。能量从这一点释放出来，使地面上所有的东西包括建筑剧烈震动。震动的一波波能量对建筑的影响无法预测而又不规律——地震不会有预警。

工程师通过历史记录研究地震的频率，接着用计算机模型与准备建造的建筑固有频率相比较。就像研究风力一样，我们必须保证两者的频率不会过于接近，否则建筑就会产生共振而被破坏，甚至倒塌。如果确实太过接近，可以增加建筑重量，或者加固核心筒或框架，改变建筑的固有频率。

减小地震能量波造成的影响还有另一种方法，即使用特殊的橡胶"底座"。如果你坐在客厅里，强劲的音响发出低音，你会感到振动从音响中传到地板，又通过沙发传到你的身体。将橡胶垫在音响底部，振动感就会减轻，因为橡胶会吸收一部分振动。同样，我们可以在建筑柱子底部安装橡胶底座，以吸收地震的振动。

地震的能量还可以被梁、柱和斜撑柱组成的结构吸收。墨西哥城的市长大楼（Torre Mayor）就使用了一个非常巧妙的装置达到这一目的。这座 55 层高的建筑使用了 96 个液压阻尼器或抗震器——就像汽车里的活塞，呈 X 形（形成了斜肋构架），从上至下安装在整个建筑里，作为抵抗地震的额外支柱体系。当地震发生时，整个建筑的晃动被这些阻尼器吸收，使建筑的晃动减小（图2.21）。实际上，市长大楼竣工之后，墨西哥城就发生了 7.6 级的

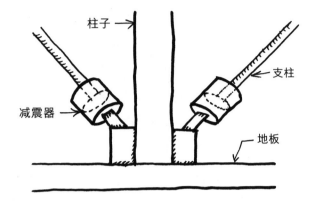

图 2.21　保护墨西哥市长大楼的减震器。

地震，造成了极大的破坏。但市长大楼安然无恙，据说楼里的人甚至都没有感觉到发生了地震。

　　从某种意义上说这就是工程师的理想——设计一幢优秀且安全的建筑，使用者在其中能舒适地工作，全然不知为了解决建筑每天所受的各种力需要多么复杂的技术。

3
烈　火

1993 年 3 月 12 日早晨，我像往常一样去孟买的珠湖（Juhu）区上学。我扎着整齐的马尾，身穿利落的白衬衫和灰色背带裙，牙上戴着绿色牙箍，颜色是我自己选的，肯定一点也不酷（是的，9 岁的时候我已经是班里的书呆子了）。下午两点，母亲开着柠檬绿的菲亚特来接我和姐姐回家。一停下车，我们便开始了每天的比赛，飞奔过四段楼梯看谁先到门口。但这一天有些异样，因为邻居正站在门口，紧张地摆弄着她的围巾，看起来非常沮丧。

我们很快就知道为什么了。妈妈去学校接我们时，孟买证券交易所（Bombay Stock Exchange）发生了爆炸，而我的父亲和叔叔就在那里工作。

我们焦急地跑到房间里打开电视机。电视的每一个频道都在报道那场混乱。炸弹不断在城市各处爆炸，上百人死伤。当时还没有手机，因此我们无法知晓父亲和叔叔是否平安生还。

孟买证券交易所是一座29层高的混凝土塔楼，位于孟买金融区的中心。一辆装有炸弹的汽车开到了地下停车场后被引爆，造成很多人丧生，受伤的人更多。我站在电视机前吓坏了，画面中都是哭泣着从滚滚浓烟中跑出、浑身是血和尘土的人。警车、消防车和救护车都向交易所奔去，警笛声震耳欲聋。我们看到离爆炸点最近的第一、第二层已经被毁，位于这一区域的人不可能幸免于难。位于高层的人不知所措，想向楼下爬，逃出大楼。我们在家中面面相觑，一句话都说不出来，但我知道我们的脑子里都在想同一件事。父亲和叔叔在八层工作。我们只能静静地祈祷最好的结果。

之后我才知道，当时父亲正坐在桌前通过信号非常差的电话向他的客户大喊，这时巨大的冲击力让大楼震动起来。一开始他以为发电机或者大型冷却机爆炸了。他从位子上跳起，告诉他的员工保持冷静，不要离开办公室。然而几秒之后，他听到受到惊吓的人跑下楼。很多人都在呼喊发生了爆炸，所有人应该赶紧离开。我的父亲、叔叔和他们的同事随即离开办公室，满眼都是恐怖的景象。

几百人都在向楼梯下挤，根本没有空间移动。父亲低着头，专心下台阶，努力不去看散落的肢体——胳膊、腿和血迹就散落在楼梯台阶上。最终他来到了一层。救护伤员的急救车堵住了街道。我的父亲和叔叔逃离了现场，坐公交车来到了我祖母的住所。我们从学校回来之后两小时——我生命中最漫长的两小时，父亲终于打电话告诉我们他俩平安无事。

多年后，在攻读结构工程学硕士学位时，我们在一堂课上讨论了如何防止大楼爆炸的问题。突然间，3月那一天的可怕记忆再次涌现。一个想法第一次出现在了我的脑海中：大楼被地下室的爆炸撼动，而后还发生了火灾，但为什么孟买证券交易所没有整体坍塌呢？

现在我知道有两个主要原因。一是工程师在设计中会做防爆炸处理。即使大楼受到撞击或破坏，也不会像纸牌屋一样坍塌。所有结构的设计都要遵循最严格的安全标准，对于很容易被破坏的建筑——例如高耸的地标性建筑，或者有很多人使用的建筑，在设计时需要考虑到一系列可能的爆炸情况。第二个原因是，所有的建筑都应该在设计时考虑火灾的发生，在造成结构性破坏之前提供足够长的时间让里面的人逃离，或者扑灭大火，或者在起火范围比较小时让火自己烧完。

但并非一开始就是如此，这些经验都是我们从过去的灾难中得到的。

*

1968年5月16日早晨，艾维·霍奇（Ivy Hodge）早早起床去厨房泡茶。她打开煤气罐，点燃了一根火柴——接下来她的记忆就是躺在地板上望着天空。厨房的一面墙和客厅的一面墙消失了。

艾维的家位于伦敦坎宁镇（Canning Town）一幢22层塔楼的第18层，楼里发生了爆炸。和平时期宁静的居民区里发生这种情况史无前例，这也深刻地影响了之后的建造方式。

塔楼在"二战"后百废待兴的时期迅速建成。当时这一地区由于轰炸和破坏，四分之一的房屋被毁，加之战后人口激增，导致严重的住房短缺。为了更快更高效地建造房屋，人们开始尝试新的建造方式。爆炸的这一幢建筑位于罗南角（Ronan Point）小区，是九幢外形相同的楼中的第二幢。

大楼通过"预制"（prefabrication）的方式匆忙建成，即不是在工地上浇灌混凝土，等干后形成墙和地板（其他大多数混凝土建筑要求这么做），而是在工厂里加工好房间大小的混凝土板。这些预制板被拉到工地上，然后用起重机吊到相应的位置。就像搭积木一样：先搭第一层的墙，再小心地在上面平铺预制板成为二层楼板，如此一层层往上搭。预制板在工地上用少量未干的混凝土黏合（图3.1）。建筑的重量由这些巨大的承重预制板分摊，没有钢骨或框架。这种新型的预制系统降低了成本，缩短工程时间，需要的劳动力也更少，对于战后正在复苏的英国来说，这些都是需要考虑的重要经济因素。

艾维·霍奇的公寓燃气系统刚刚装上，煤气出现持续泄漏。火柴的火焰点着了泄漏的煤气，于是"轰"的一声，她房间角上的墙壁板就被炸飞了。没有了支撑的上层墙壁板也随即掉到下一

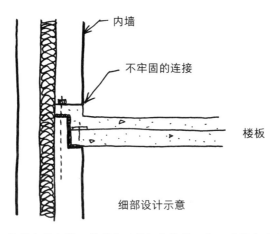

内墙

不牢固的连接

楼板

细部设计示意

图 3.1　像罗南角公寓一样有缺陷的细部设计，施工过程中只用了很少量的湿混凝土来连接预制板。

层。这样塔楼角上的每层都一块接一块地坍塌了，从上到下塌了整整一大块，导致在公寓中熟睡的四人死亡。

　　奇怪的是，爆炸并没有让艾维感到震耳欲聋，这说明爆炸的力量并不大——破坏墙板也并不需要很大的冲击力。实际上，随后的调查也显示，即使是当时爆炸三分之一的强度也足以让墙板分崩离析。因为预制板只是一层搭着一层，并没有很好地黏合，所以很难抵抗冲击力。设计者依靠预制板之间的摩擦力和少量的混凝土"胶水"将它们固定，这是不够的。当爆炸冲击墙壁时，冲击的力量比摩擦力和混凝土的黏合力更大，墙壁就会被冲毁。而上层墙壁的重量没有支撑，自然就掉下来了（图 3.2）。

　　这次倒塌还有一点不同寻常。通常我们认为在建筑底部发生

高层发生
爆炸

导致了大面积
的坍塌

图 3.2　1968 年伦敦罗南角公寓楼发生爆炸后产生的大面积坍塌。
©Evening Standard / Stringer

的爆炸会造成更大的破坏，因为上面的楼层更多，都会倒塌。但在这次事故中，如果在建筑底部发生同样的爆炸，可能不会发生一样的坍塌。

　　摩擦力取决于作用力。施加于两个互相作用的面之间的力越大，摩擦力就越大。离塔顶更近的地方（即艾维的公寓所在），墙和楼板连接面上只有四层楼的重量，因此摩擦力很小。爆炸的冲击克服了摩擦力，将混凝土板炸飞。但在塔楼的底部，二十多层楼的重量在楼板之间产生的摩擦力更大（就像从一堆杂志的底部抽一本出来比从顶部抽要难得多）。因此，与直觉相反，高楼层的爆炸造成的后果更具灾难性。现在这类事故很少见了——接下来会说明，主要是因为现在再也不会以这种方式建造大楼了。

罗南角公寓的惨剧为后来的工程提供了两个教训。首先，将结构紧密连结至关重要。这样，当比预期更大的力量冲击墙和楼板时，紧密的连结会防止预制板滑出。（例如在罗南角公寓，可以用钢柱连接两层之间的预制板来抵抗冲击力，在现代装配式建筑中使用的就是这一系统的各类变种。）即使是用更为传统方式建造的建筑，即在工地上浇灌水泥、焊接钢架的建筑，保证柱和梁之间的连接牢固也非常重要。钢框架结构中，连接钢构件的螺栓也应该牢固，不仅是为了承受风力和重力，也是为了将整个结构紧密相连。

其次，工程师需要防止不成比例的影响。罗南角公寓18层的一次爆炸导致大楼一角的每一层都坍塌了。与爆炸本身相比，其造成的多米诺骨牌效应过于严重，不成比例，于是术语"非比例破坏"（disproportionate collapse）诞生了。爆炸之类的事件发生，当然会造成损失，但在一层楼中爆炸的影响不应扩散至整个建筑。坎宁镇公寓楼的问题在于楼层的重量无处传导。因此关键是保证即使结构的一部分缺失，重量仍然有其他的支撑。就像坐在椅子上：理论上椅子的四条腿分别承担你重量的四分之一。但如果像很多人喜欢做的一样，倾斜身体和椅子，把重量都放在椅子的其中两条腿上，那么你就向椅子腿施加了设计重量的两倍的力——椅子腿承受不住，你就会摔到地上，把背擦伤。但如果结构工程中预期到了这种行为，为椅腿设计了双倍的承受力，你就会安然无恙。

于是，有意识地为重量设计新的传导路径的思想就产生了。我会在计算机模型中删除一根柱子，记录下周围柱子承受的额外重量，并以此设计受力。这样我就知道，即使这根柱子缺失，周围的柱子也能起到足够的支撑。接着我将柱子放回，删除另一根，试验各种不同的组合，检验结构是否能够承受爆炸。永远不要和结构工程师比赛玩叠叠乐游戏：我们知道应该抽掉哪根，如何在拿掉一部分结构的同时使其不倒。

*

历史上，工程师和城市管理者一直在进行着一场斗争——与可能将城镇夷为平地的大火做斗争。古罗马房屋通常用木框架建造，很容易起火。公元64年的罗马大火将城市的三分之二化为灰烬。最初，木材并不像今天一样做防火处理，墙体也是抹灰篱笆墙。篱笆是用细木条编织成的，看起来有点像草篮，上面抹的灰是湿泥土、黏土、沙子和稻草的混合物。这种建筑物非常易燃，让火可以迅速蔓延。而狭窄的街巷使得火焰可以轻易跨越楼与楼之间的距离蔓延开来，让大火愈演愈烈。

公元前1世纪，马库斯·李锡尼·克拉苏（Marcus Licinius Crassus）生于古罗马社会的上流阶层，后来成了一位备受尊重的将军（他镇压了斯巴达克斯奴隶起义），同时也成了一位臭名昭著的商人。克拉苏是一个善于发现机遇的人：他观察到罗马大火造成的毁坏，从而创建了世界上第一支消防队，由 500 名训练有素的奴隶组成。他将消防队办成了私人生意，哪里起火，奴隶们就奔向哪里。克拉苏还恐吓驱赶竞争者，借机与着火房子的主人讨价还价，价格谈好之前消防队只隔岸观火。如果价格谈不拢，消防队就袖手旁观，看着房子被烧成灰烬。然后克拉苏会以低得可笑的价格向房主买下废墟。就这样他很快就买下了罗马的大部分土地，累积了大量的财富。还好，今天的消防队比他可靠。

罗马大火之后，尼禄（Nero）下令对城市做出几点改变。街道被拓宽，公寓楼不得超过 6 层，面包房或金属打制工坊和居住区分离，使用中空的双层墙壁等。他规定阳台应该设计有防火功能，以便逃生，还投资提升供水系统，用以灭火。古罗马人从悲剧中吸收了教训，我们也从这来之不易的智慧中获益。几千年后，这些简单的原则——用防火材料分隔房间、公寓和建筑，以及在墙体中留出间隙——依然在防止着大火侵蚀现代建筑。

*

2001 年 9 月 11 日，整个世界目睹了两架飞机撞向纽约世贸中心大楼的恐怖场景。当时大学还没开学，我正在洛杉矶度假，并计划第二天就飞去纽约。我瘫坐着，看着新闻中双子塔在被袭击一小时后轰然倒塌，震惊不已。几天之后我直接回了伦敦，感到整个世界已经发生了改变。

作为一名工程师，我认为，这恐怖的一天发生的事情对于摩天大楼的设计和建造产生了深远的影响。了解造成大楼坍塌的结构问题后，我惊讶地发现，灾难不仅仅是飞机的撞击导致的，也归咎于随之产生的大火。

令人叹为观止的摩天大楼在纽约比比皆是，但世贸中心的双子塔（1973 年投入使用）则是城市里最具标志性的建筑。视觉上，两座塔造型非常简洁——鸟瞰平面是一个正方形，高 110 层。每一幢都有一个由钢柱构成的巨大核心筒。但保证大楼稳定的并不是这个钢架——而是像"乌龟壳"一样的外骨架。

垂直的柱子分布于正方形四边，间隔一米多，每一层以梁相连接。柱与梁共同组成了一个坚固的框架，与之前看到的"小黄

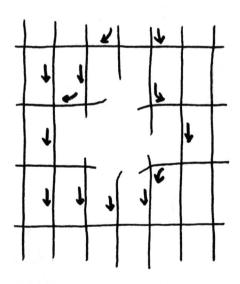

图 3.3　力通过其他路径传导，建筑的重量就能找到新的支撑。

瓜"的结构很相似，只不过框架是四边形而非三角形。梁和柱之间的衔接也很牢固。外框架保证建筑稳定，并抵御风力。

飞机撞上塔楼时，外骨架被撞开了巨大的口子，破坏了很多柱子和梁架。实际上工程师对于可能发生的飞机撞击已有规划。他们模拟了一架波音 707 飞机（大楼建造时最大的民用飞机机型）撞上大楼会发生什么情况，并对设计做出了相应调整。梁和柱的连接处增加了额外的强度，即使一部分结构被破坏，重量也能找到其他的支撑：它们会绕过破坏的部位往下传导（应用的是工程师从罗南角公寓学到的防止非比例破坏的原理，图 3.3 ）。

撞击双子塔的飞机并不是三十年前工程师设想的波音 707，而是更大的波音 767，携带的航空燃料也更多。撞击发生后燃料起火，飞机部件、办公桌和建筑里其他可燃物迅速燃烧，让钢柱温度变得非常高。钢在高温下的性能非常差：构成物质的微小粒子会变得非常活跃而加速运动，在常态下粒子间坚固的连接在高温下就变得脆弱。连接变弱意味着金属变软，因此高温下的钢比低温下的钢要脆弱，能够承受的力也小很多。9 月 11 日这天，撞击洞周围的柱子承受着比平时更大的力，因为它们不仅要支撑自己的重量，还要分担一旁被撞毁的柱子原本承受的重量。钢柱和楼板梁架原本都涂了一层由矿物纤维制成的特殊涂料，用以隔绝大火产生的高温，防止钢筋温度过高。但飞机的撞击和抛射而出的碎片将保护涂料刮开，暴露了大面积的钢筋，使大楼外壳一圈的柱子温度升得更高。

构成核心筒的钢柱温度也高得不同寻常。核心筒由两层石膏板（由两层厚纸板夹着一层石膏制成）与建筑其他部分隔离。设想的是办公区域的火灾无法穿透这层板到达核心筒，人们就可以通过这一片安全区到达楼梯逃生。但现在石膏板被破坏，导致核心筒的柱子受到影响，设计的逃生通道也暴露出来。

核心筒越来越脆弱，当温度达到约 1 000 摄氏度时，它们无法承受重量而断裂。

最后柱子全面坍塌，使得其支撑的上部结构屈服于重力。柱子上的楼板往下掉，掉落产生的力又造成进一步坍塌。一个接一个——就像坎宁镇悲剧中的多米诺效应，但规模更大、更令人震惊——所有的楼层都塌陷了，塔楼整个坍塌。防火措施——涂料和石膏板——与大火的规模和强度相比根本不值一提。

从那一天开始，摩天大楼的设计就发生了改变。现在我们要确保逃生通道得到更好的保护。最简单的方式是用混凝土而非钢来建造核心，如此，将大火与安全区隔离的就不是脆弱的石膏板，而是实心而坚固的混凝土墙。

混凝土并不是很好的导热材料：它很难传递热量，这意味着需要很久才能使混凝土升温。但是为了使其更坚固，我们需要在混凝土中加入钢筋。钢是极好的导热材料，这就给工程师提出了一个难题。在大火中，钢筋温度会升高，并很快在整个材料中传导，而其周围的混凝土温度则提升得很缓慢。高温的钢比温度较低的混凝土膨胀得更多，导致混凝土的外表面产生裂缝而崩开。这与往厚玻璃杯里倒热水，杯子会破裂是一个道理。内层玻璃温度升高而膨胀，但外层依然保持低温。与混凝土一样，玻璃也不是很好的导热材料。随着内层膨胀，挤压温度更低的外层，杯子最终就会破裂。

通过实验和检测，我们能够知道通过混凝土将热量传导至钢筋，以及钢筋升温导致混凝土裂开需要多长时间。这样我们就可以将钢筋埋得更深，保证在混凝土外层开裂之前大火就可以被扑灭。这也为人们通过混凝土核心筒中的通道逃生赢得了时间，消防员可以在这段时间里控制火势，保证结构不坍塌。建筑越高越大，逃生所需的时间就越长，钢筋就需要在混凝土里埋得越深。只需几厘米就可以产生巨大的差别。

混凝土核心筒因而起到了两个作用：保证建筑在风力作用下保持稳定，同时也构成了建筑里安全的逃生通道。今天，即使用外框架结构来抵抗风力（即不需要中央核心筒），也通常会设置混凝土墙保护逃生通道。保护钢柱梁不受大火侵蚀的技术也大大提高：今天的防火板和防火油漆（会在温度升高时膨胀，将金属包裹隔绝）比之前的性能更强。它们能够防止钢材料过快升温，使其保持稳定。

对工程学来说，从灾难中学习十分重要：工程师的工作之一就是不断提高，努力建造出比之前更好、更坚固、更安全的建筑。正是由于这些教训，我们现在才会预估柱子被破坏的情况，并事先做好检验，保证建筑不倒。孟买证券交易所大楼就是这样建造的，因此即使紧邻爆炸点的结构被严重毁坏，它所承担的重量也能找到其他的支撑点。被破坏的建筑结构由于与其他结构相连而保持稳定，所以——不像罗南角——上层的楼板不会塌落。埋在混凝土墙和混凝土柱中的钢筋也经受住了爆炸后熊熊大火的考验。

　　正是由于工程师们从历史中吸取经验，并创造新的方式对不可预料的事件进行设计，我的父亲才在那一天死里逃生。

4
黏　土

　　我喜欢烘焙。可想而知，是因为它与工程学有着许多共通之处。我喜欢做蛋糕时严格遵照设定好的步骤，必须非常有耐心并且非常精准，才能做出完美的形状和口感。我享受充满希望的等待，在一切制作完成之后静静地等着我的作品在烤箱里成形。大多数情况下我是十分满意的。但也有一些令人困惑失落的时刻，例如有一次我打开烤箱门，满怀希望地正准备切开美味的菠萝翻转蛋糕，看到的却是在一摊黄油中晃动着的没烤好的水果块，更别提湿乎乎的蛋糕底了，完全是一坨灾难。我一边责怪着烤箱和配方（当然不可能是我学艺不精），一边把蛋糕扔到了垃圾桶里。蛋糕是失败得一塌糊涂，却给我上了非常有价值的一课——烘焙与工程一样，选择正确的材料、使用正确的方法对结果多么重要。

　　在设计建筑和桥梁时，材料是我首先要考虑的东西。实际上，不同的材料会完全改变结构的组合方式、给人的感觉以及实际重量和造价。它们必须正确服务于建筑和桥梁的建造目的：我需要调整建筑的骨架，减小对使用者造成的影响。材料也必须足以承受建筑受到的压力和拉力，并且在晃动和温度变化中保持良好性能。最后，我选择的材料还要保证结构能在所处环境中长久保存。幸运的是，我的工程作品比我的烘焙作品成功。

人类一直以来都为材料科学而着迷，很久之前人类就提出了理论来解释是什么构成了"物质"。古希腊哲学家泰勒斯（Thales，约公元前 600 年）认为，水是所有物质的根本形式；赫拉克利特（Heraclitus of Ephesus，约公元前 535 年）则认为是火；德谟克利特（Democritus，约公元前 460 年）及其追随者伊壁鸠鲁（Epicurus）认为是一些"不可分的物质"（indivisible），就是我们今天所说的原子的前身。在印度教中，四大元素——土、火、水和空气——构成了物质，第五元素——虚空（akasha），则包含了物质世界之外的东西。古罗马工程师维特鲁威在《建筑十书》中同样认为物质是由这四种元素构成的，并补充说材料的特征和性质取决于这些元素的构成比例。

这种想法——即有一定种类的基本元素，它们的比例能够解释任何物体的颜色、质感、强度和其他性质——是革命性的。古罗马人推测，柔软的物质中空气元素的比例比较高，而坚硬的物质中则含有较多的土元素。含大量水元素使物质不亲水，而易碎的物质则由火元素主导。好奇且充满创造力的古罗马人通过改变这些元素的比例提高材料性能，并制造出了著名的混凝土。他们也许没有元素周期表[①]，但他们知道材料的性质取决于其中元素的

———————————

① 元素周期表是俄国科学家德米特里·门捷列夫（Dmitri Mendeleev）在 1869 年总结和发表的。——作者注

比例，并且可以通过加入其他的元素改变材料的性质。

　　然而很长时间以来，人类仅仅依靠自然界中的材料建造，并没有改变材料的基本性质。我们远古祖先使用周边能够找到的任何材料来建造房子，这些材料随处可见且又易于塑形。只需要基本的工具，人类就可以砍倒大树、接合木料、砌筑墙壁。也能很容易地将动物皮毛缝在一起搭成帐篷。

　　在没有树的地方，人类就用泥土建造。随着工具越来越先进、大胆，我们又向前进了一步——用木制模具将泥土压制成各种大小的立方体。我们发现，在太阳下晒干泥土（根据古罗马哲学的原理，就是用火元素分离水元素，使土元素占据主体）会使泥块更为坚硬。于是，人类发明了砖。

　　公元前9000年，中东广袤的沙漠中就已经开始使用砖了。在约旦河幽深的河谷中，海平面以下几百米的地方，新石器人建立了杰利科城（Jericho）。这座远古城市中的居民在阳光下烘烤手工制成的泥土片，并用它们建造了蜂窝状的住所。早在公元前2900年，印度河文明就使用窑炉中烧制的砖块作为建筑材料了。这个过程需要技术和精确性：如果烧制的时间不够，泥块就无法完全干燥；烧得过久或升温过快则会导致泥块开裂。但如果在合适的温度下烧制正确的时长，泥块就会变得坚固，并能够抵御气候变化。

　　今天巴基斯坦的摩亨朱-达罗（Mohenjo-daro）和哈拉帕（Harappa）都有印度河文明的考古发现。其中使用的所有砖块，不论大小，比例都是 4 : 2 : 1（长 : 宽 : 高）——工程师今天仍在

（大部分情况下）使用这一比例，因为它能够使砖块均匀干燥，并且尺寸方便使用，长宽比也很容易与其他砖块通过各种胶或砂浆黏合。与印度河文明同一时期的中国人也开始大规模生产砖块。但小小的砖块成为西方文明最常用的建筑材料，还要等到一个强大帝国崛起之时。

*

古罗马工程师的创造力是我好奇心与灵感的源泉。因此当我在那不勒斯南部搭上火车，沿着海岸来到世界上最著名的考古遗址时，心中的激动难以言表。我和丈夫到达目的地时欢欣不已。我们穿着情侣人字拖，戴着情侣沙滩帽，以抵挡海湾的烈烈夏日，抱着极大的期待向庞贝古城遗址迈去。

鹅卵石街道两旁是商铺，柜台上的孔洞是原来摆放圆锥形陶罐，或者叫"双耳细颈酒罐"（amphorae）的地方。地面上是非常生动的马赛克地板，有的拼出扑腾的鱼和海洋生物，有的则是一只凶猛的狗，一旁刻着拉丁语 Cave canem（小心恶犬）。街道两边是整齐排列的房屋，其中就有米南德（Menander，古希腊作家）的房子。这些房屋有着巨大的天井、浴池和花园，环绕着比例优美的柱廊（peristyle），充分显示了在全盛时期，这里曾是一个多么辉煌、熙熙攘攘的城镇。

然而所有东西之中，最吸引我的却是血红色的砖块。它们无处不在。柱子上原本用来掩盖砖块的装饰掉落之后，砖块就在那里悄悄探头；它们还在墙头傲视，薄砖块三层一组，与白色石头交错砌成墙壁，形成强烈对比。我最喜欢的砖砌结构毫无疑问是"拱"。

拱是非常重要的建筑结构。它们是弧形的——圆弧、椭圆弧，也有可能是一段抛物线。这种形状非常坚固。例如鸡蛋：如果均匀用力握住鸡蛋，几乎不可能将它握碎，因为弧形的蛋壳将手掌的压力均匀分散到四周，而蛋壳强度足够承受这些力。打碎蛋壳通常需要用尖锐的物体，如刀刃，在一侧形成不均匀的受力。对拱施压时，力被分散到弧形上，拱的所有部分都受力（图4.1）。在古代，石头和砖块是常用的建筑材料——它们能够承受很大的挤压力，但无法承受拉力。古罗马人不仅了解材料的特性，也了解拱的优点，并意识到可以将两者完美结合。在这之前，不论是建筑还是桥梁，都是使用水平梁架增大跨度。而之前我们已经看到，负载时梁的上部承受压力，下部承受拉力——由于石头和砖块在拉力下强度不高，古代人使用的梁通常大而笨重，这就限制

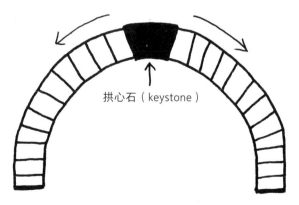

拱心石（keystone）

图 4.1　力沿着拱的弧线传导，各部位受到的一直是压力。

了梁架的跨度。然而在拱中应用石块受压能力强的特性，古罗马人就可以建造更坚固更庞大的结构了。

我周围的这些砖拱已经有上千年的历史了，这让我不禁想到了古阿拉伯一个非常形象的描述"不眠之拱"（Arches never sleep）——它们从不入眠，因为所有的部件总是处于压力之中，以无限的耐心承受着荷载。甚至当维苏威火山的熔岩在庞贝城上方喷薄而出，吞没了建筑和其中的居民时，拱仍然是城市的守护者。它们也许一度被掩埋，但从未倒塌。

庞贝遗址显示古罗马人领地上建造各种建筑时都会使用砖。意大利和其他地方都有罗马军团运营的砖窑，他们还将这一技术传播到了远至今天的不列颠群岛和叙利亚一带。你也许不会惊讶，维特鲁威对于制造完美的砖块所需的材料也发表过看法，并在《建筑十书》一书中做了详细介绍。制作一块砖与烘焙蛋糕异曲同工，下面就是我基于多位古代建筑师的贡献写出的古代砖块制作配方——甚至我自己都可以照做。

古代砖块制作配方

材　料：

黏土

"不应用含砂质、多卵石或碎石的黏土。首先，用它们做材料会更重；其次，用它们砌墙，被雨水冲刷时，材料太粗糙，稻草无法将它们结合在一起，会裂开破碎。"

"黏土应该选用白色、粉状或红色的土，甚至粗粒度的砾质黏土也可以。这些材料比较细腻，因而更经久耐用、重量更轻，建造过程也更便捷，并且随处可见。"

水果汁液

热量，来自日晒或窑炉

方　法：

1. 将一块泥坯放入及膝的水中搅拌，并用脚踩压 40 次。

2. 用松树、杧果和树皮的混合汁液打湿泥坯，并将泥坯与汁液一起揉压一个月。

3. 蘸水将泥坯塑形，用木制模具将其塑成平整的大块长方体。[古希腊吕底亚砖（Lydian brick）长 1 英尺半（45.72 厘米），宽 1 英尺（30.48 厘米），是包括维特鲁威在内的古罗马人常用的砖块大小。]成形之后将泥块脱模。

4. 温和缓慢地加热泥块。在夏季制造的砖块通常不合格，因为太阳光的热量会导致泥块外层很快变硬，而内部仍然湿软脆弱。干燥的外层会比湿润的内层收缩得更多，导致砖块破裂。相反，在春季或秋季制造，由于气温比较凉爽，砖块会均匀地干燥。

5. 经过两至四个月的等待后，将砖块浸水后捞出，并使其完全干燥。

耐心是关键，因为砖块完全干燥最长要两年的时间。时间较短的砖块可能由于没有完全干燥而随着时间萎缩。用这类砖块建造墙壁，在表面抹灰后，时间一久就会有裂痕。维特鲁威也提出："这一点至关重要，因此在尤蒂卡（Utica），人们建造墙壁时只用完全干燥并且已经放置 5 年的砖块，地方官员也批准了这种做法。"

古罗马砖块总体比今天使用的砖更大更扁，看起来更像地砖：古罗马人倾向于使用这种形状，因为他们发现，以他们的工具和制造方法，扁平的砖块会干燥得更加均匀——这也是制作理想砖块的核心。从古罗马广场的宫殿到斗兽场，乃至法国南部横跨加尔东河（River Gardon）、有着非同寻常的三层拱券的加尔水道桥（Pont du Gard），砖块组成了古罗马最令人叹为观止的构筑物（图 4.2）。

公元 476 年，罗马帝国覆灭，制砖技艺也随之失传，几百年

图 4.2　加尔水道桥横跨法国南部的加尔东河由三层砖拱构成。©mmac72

来不见于西方，直至中世纪（6世纪至10世纪）早期才再度复兴，用于建造城堡（图4.3）。文艺复兴和巴洛克时期（14世纪至18世纪早期）不再流行在建筑物上外露砖块，由复杂的抹灰和壁画取而代之。就我个人而言，我喜欢看到砖块外露，就像我喜欢蓬皮杜艺术中心的通风管和扶梯一样。我喜欢直接而诚实的建筑，就像我做的蛋糕，能够看出来是用什么做的（这并不是在说我拙劣的糖霜技巧）。

英国维多利亚时期（1837—1901），以及两次世界大战之间，砖块的使用达到了历史的高峰。在伦敦我最喜欢的建筑之一，乔治·吉尔伯特·斯科特（George Gilbert Scott）的哥特狂想作品——圣潘克拉斯万丽酒店（St Pancras Renaissance Hotel），就是

扁平的古罗马砖坯经过千辛万苦地干燥，制成美丽的砖块。

图 4.3　意大利南部庞贝遗址中古罗马拱券的叠砖技艺。©Darren Robb

外露砖块的绝佳范例。英国每年生产多达 100 亿块砖。上至工厂，下至民房，从下水道到桥梁，大概所有的构筑物都有砖块外露给人们欣赏。

*

追溯 1 000 年的时间跨度已经让人很难想象。但与发明砖块制作原材料的历史相比却不值一提。在拍摄关于脚下的土地和地面之下世界的两集纪录片《脚下的英国》(*Britain Beneath Your Feet*) 时，我参观了伦敦东北部的一处土矿。在那里我看到了规模巨大的黏土崖壁，完全由挖矿人在伦敦城所坐落的土地上挖凿而成。矿场主人指着崖壁最高处锈红色的部分对我说："这一块黏土比较新，只有 2 000 万年历史。"我瞠目结舌的表情让他兴致盎然。他说更"新"的黏土层含铁量更高，因此泛红。崖壁底部的黏土更纯，因此是灰蓝色——显然是年龄更老的标志。

他口中的更"老"，指的是超过 5 000 万年。很久之前，火山岩被水、风和冰冲刷而移动。这一过程中，石英、云母、石灰和氧化铁等其他矿物会被岩石带着一起移动。于是岩石和矿物的混合物就被带到了很远的地方，一路在河底、山谷和海洋中沉积下来。在这些环境中，动植物繁衍生息、死亡，形成了一层有机质，并与随后的岩石层层叠加。经过几百万年，在合适的温度和高压下，这些地层就形成了沉积岩，即矿工们忙着从崖壁上挖的东西。矿场主人告诉我，由于漫长的历史，黏土中可以发现许多热带植物的化石，例如红树林的叶片（一度生长于英国的气候中），还有今天已经灭绝的鸟类、乌龟和鳄鱼的祖先。

黏土矿的用途很多：制作瓦罐，用于学校的艺术课，当然还用于制作砖块。为此，开采出的黏土从矿场运至工厂，制作成平整坚固的砖块。通过加热黏土来制作砖块的基本方式亘古未变，但具体做法有所不同。首先，我们会在黏土中掺入沙子或水，得到合适的质地——坚固而又有一定延展性。接着，将黏土放入机器中、压入模具中（类似巨大的手压橡皮泥玩具）。黏土被塑成方形长条后，再以砖块的长度切成小块，送入干燥装置中，缓慢去除尽可能多的水分——否则你得到的就是维特鲁威警告过的那种会开裂的砖。干燥装置温度通常设定在较低的 80 摄氏度～120 摄氏度，并且保持足够的湿度，使砖块不会因外层干得太快而内层仍然潮湿。随着砖块变干，其体积也会缩小。

如果只做到这一步的话，成品与古代窑炉烧出来的砖块差别不会太大。造成古代与现代砖块本质不同的是下面的步骤。砖块会在 800 摄氏度～1 200 摄氏度的高温下烤制，使黏土的粒子相联结。材料发生了本质的变化，黏土成了陶瓷，即性质更像玻璃而非干泥土。高温炙烤后的砖比简单干燥的砖要耐用得多，我们今天建造用的就是这种砖。炙烤后的砖非常坚固：让印度神话中驮着地球的四只大象（舒展身体时会引起地震的那四只）一只叠一只，再加一只象，踮脚站在一块砖上，砖都会安然无恙。

将一块块砖变成可用的建筑物需要砂浆作为特殊的黏合剂，将每块砖结合在一起成为整体。古埃及人用矿物石膏（gypsum）制成熟石膏〔plaster，也叫巴黎石膏，因为常见并开凿于巴黎蒙马特区（Montmartre）]。可惜石膏遇水不稳定，因此用熟石膏黏合的建筑物最终还是会朽坏倾颓。幸运的是，埃及人还会在其中加入石灰砂浆（lime mortar），使混合物在干燥的同时变硬、变坚固（并从空气中吸收二氧化碳），从而比熟石膏更经久耐用。做法正确的话，砂浆会让结构更坚固，并能经久不坏。伦敦塔（Tower of London）基本就是用石灰砂浆建造的，900 年过去依然屹立不倒。

砂浆中还会混合其他材料以提升性能。中国人建造长城时，就在砂浆中加入了一些糯米。米基本由淀粉构成——这使得砂浆与石块能够很好地黏合，同时也使其有了一定的韧性，即使墙壁随着季节变化热胀冷缩，产生轻微的移动，砖块也不会轻易裂开。古罗马人则在砂浆中加入动物血，认为这会帮助砂浆抵御霜冻。泰姬陵的穹顶使用的是一种叫"楚纳"（chuna）的黏合剂，它是煅石灰、贝壳粉、大理石粉、橡胶、糖、果汁和蛋清的混合物。

今天英国大多数的房屋是用砖建造的，因为它们非常廉价。但砖也有缺点——需要专门的工人一块块垒砌，这个过程通常十分缓慢。此外砖块的尺寸又是标准化的，因而对建筑的外形也产生了一定限制。砖构建筑受拉力能力比较低：砖块之间由砂浆黏合的部分，以及砖块自身，都会在受拉力时破裂。砖块只能用于建造主要受压力的建筑，并且无法承受太重的结构（钢筋混凝土承受压力的能力比砖块好很多，下面会说到），因此对于高层建筑或跨度很大的桥梁来说，砖并不实用。尽管如此，在优先考虑成本的情况下，砖块还是常用的材料。每年全世界大约生产 1.4 万亿块砖。仅中国就生产约 8 000 亿块，印度也有 1 400 亿块。与此相比，乐高每年仅生产 450 亿块积木砖块。

这一古老的建筑要素，生于泥土，淬于烈火，用途多样。它建造了古埃及金字塔、中国长城、古罗马斗兽场、马尔堡（Malbork）条顿骑士团的中世纪城堡、佛罗伦萨著名的圣玛利亚大教堂，甚至我自己住的公寓都是砖砌成的。在今天现代化快节奏的社会里，虽然已经有了许多先进的建造技术，我们依然深深依赖于这种古老的建筑材料，它的原料经历了 5 000 万年才形成，作为建筑材料的使用历史也有 1 万多年，不禁让人万分感慨。

5
金 属

　　印度德里有一根不会锈蚀的铁柱。它庄严矗立在顾特卜（Qutb）街区。这是一处充满了伊斯兰建筑杰出代表的历史街区。伊勒图特米什（Iltutmish）[①] 洞穴般的坟墓中，每一寸拱券墙上都装饰着环纹和螺纹。高耸的顾特卜塔（Qutb Minar）呈优雅的竹节状锥形，高 72.5 米，是世界上最高的砖砌尖塔，令人叹为观止。第一眼看上去，这根深灰色的铁柱粗如树干，高不过 7 米，毫不起眼，与周遭格格不入，像是珍禽异兽动物园中的一只流浪猫。但它给我留下了很深的印象。

　　这根柱子比周围建筑的历史都要悠久，建于约公元 400 年的笈多王朝时期，是献祭给印度教中宇宙守护神毗湿奴的。原本在柱子顶端还有一尊迦楼罗雕像（毗湿奴半人半鹰的坐骑，传说体积之大可遮天蔽日）。有种说法，如果你环抱柱子时双手可以相碰，那就会有好运，但现在一道围栏已经将游客的双臂与这座纪

---

① 沙姆斯·乌德·丁·伊勒图特米什（在位时间 1211—1236 年），是印度德里苏丹国第三任苏丹。——译者注

念物隔开。但我感兴趣的并非交好运，而是这根柱子另一个不同寻常的特质：它抵御住了材料的自然变化，1 500 年来竟没有锈蚀（图 5.1）。

图 5.1　印度德里顾特卜区从不锈蚀的铁柱。©Anders Blomqvist

随着锻造原料铜和锡变得稀缺，青铜时代结束，黑铁时代到来。在印度，普遍认为黑铁时代开始于公元前 1200 年左右的安纳托利亚（Anatolia，位于今天的土耳其）。考古学家们在印度南部泰米尔纳德邦（Tamil Nadu）中部的科都曼纳尔（Kodumanal）村遗址中考察，在村庄南边界发现了一条约公元前 300 年的沟渠，里面有一个煅烧炉，炉中还残留铁炉渣（熔化金属时产生的副产物）。印度的铁曾以质量上乘而闻名——亚里士多德的著作和老普林尼的《自然史》（*Historia Naturalis*）中都有所提及——并曾出口至古埃及，供古罗马人使用，其锻造配方却严格保密。

制造铁柱时，古印度人先制作铁片，再进行锻造（加热后敲打在一起），然后将表面敲打塑形，使其光滑平整。用于锻造铁柱的铁很纯，但含磷量非常高：这是铁匠使用的提纯方式造成的。正是磷的存在使柱子免于锈蚀。铁暴露于氧气和水分中就会生锈。一开始铁会受到侵蚀，但在德里当地干燥的气候中，磷在锈和铁的表面形成了一层薄膜。这层膜阻止了空气和水分与铁进一步反应，铁柱就不会继续生锈。现代的钢铁中不会有这么高的含磷量，因为热加工的方式会让钢铁更容易断裂。高温下钢铁变形在制造过程中很常见。观察钢铁材料的构筑物，你会发现它们都涂了油漆以防止其生锈而变脆弱。但在有空调的建筑中，钢梁和钢柱没有涂漆——除非是防火漆，因为这类环境下湿度较低，不容易生锈。

古代人发现了铁的好处，但主要将其用于制造生活用具、首饰和武器，因为他们炼出的铁太软，无法用于建筑，并且他们也不知道如何增大铁的硬度，使其足以建造一幢大楼或一座桥梁。尽管如此，也有屈指可数的几个用铁建造的实例：中国僧人法显①在《佛国记》中记载了印度的一座铁链悬桥，建造时间与德里铁柱相当。还有雅典卫城宏伟的大理石入口山门（Propylaea，建于公元前432年左右），其中就使用了铁条加固天顶的梁。这便是古代工程师使用金属的方式了：金属不过是用于加固砖石建筑的小构件。要想大规模地使用铁（以及它的"表亲"钢），科学家和工程师们还需要对它的性质有更多的了解。

＊

砖和砂浆在受到拉力时很容易破裂，但金属不会。粒子组成结构的不同使这两种材料有着本质的不同。与钻石一样，金属是由晶体构成的——不是宝莱坞女星裙子上那种又大又耀眼的宝石晶体。金属的晶体很小，小到肉眼根本看不到，而且它们是不透明的。

这些晶体彼此吸引，这种吸引力使其以矩阵或网格的形式结合成键。但在加热时，晶体运动速度会越来越快，结合的键就会变弱，金属的可塑性就增加，温度足够高的话甚至可能熔化成液体。正由于金属键的可变性，金属具有延展性，这意味着它可以拉伸到一定程度而不会断裂；之前提到的热加工过程能够保留这一性质。一块铁块，假设厚100毫米，可以被压成一片0.1毫米厚度的薄板而不会裂开（就像我做的面团一样）。晶体和它们之间的键能够被弱化，并且移动重组。

---

① 法显是中国佛教史上的一位名僧，一位佛教革新人物，是第一位到海外取经求法的大师，也是杰出的旅行家和翻译家。——译者注

金属键的另一个特质是具有弹性。被（一定限度内的）外力推拉或者挤压后，金属会恢复原先的形状。就像一根橡皮筋，松开后就会回到原来的大小和形状——除非拉扯幅度过大，这时就会发生永久形变。金属也是同样。

所有这些特点——金属键、延展性、弹性、可塑性——意味着金属不易断裂。它们能承受拉力的这一特质，使其成了理想的建筑材料。也正是金属的这种特质使我们建造的方式发生了革命性变化。之前设计建筑时主要考虑压力，但现在，我们可以史无前例地设计既可以承受压力，又可以承受拉力的结构了。

虽然纯铁承受拉力能力强，但晶体间的金属键流动性和变化性太大，导致材料太软而无法承受大型结构巨大的重量。因此过去的工程师可以用铁建造装饰精美的柱子，但纯铁的强度不足以建造复杂的大型结构。所以需要想办法增加其强度。构成铁的晶体呈层状排列，于是科学家和工程师开始想方设法使其更坚硬。

一种方法是在晶体层之间加入原子。一个简单（且美味）的演示方法是抓一把巧克力豆放在桌上，用手掌压住滚动，你会发现很容易就滚动起来了。但如果在其中再加一些裹着巧克力的葡萄干，滚动起来就难得多。好了，现在可以一享美味的实验材料了。但重点是，"杂质"——即葡萄干——占据的位置让巧克力豆运动起来有了阻碍，无法顺畅滚动。同样，如果将碳原子加入铁中，它们就会阻碍晶体层铁原子的运动。

加入碳原子是有一个平衡点的。碳原子太少，铁还是会很软；太多，则铁会变得过硬，丧失延展性，从而变脆，容易断裂。
更复杂的是，铁原本就含一定的碳（以及硅等其他元素）杂质，
但含量通常比较大，杂质的含量决定了铁的质量。科学家面临的
难题是，要确定究竟需要除去多少碳杂质才能让铁既不太软，也
不太脆。科学研究的成果包括了铸铁（非常耐用，适合做锅，但
在建筑上用得不多，因为它像意大利脆饼一样脆）、熟铁（现在已
经用得不多了，材质更像我小时候在美国吃的高档巧克力软饼）
和钢。熟铁作为建筑材料已经算合格——埃菲尔铁塔就是用它建
造的，但钢是硬度和延展度完美的结合。钢是含碳 0.2% 左右的
铁。最初，将铁中的碳分离出，只留 0.2% 的过程成本十分高昂。
因此在研究出如何低成本、大规模制造钢之前，钢并没有在建造
业得到重用。最终，工程师亨利·贝塞麦（Henry Bessemer）解
决了这个长久以来的困扰，让制钢工艺发生了革命性改变，进而
推动了全世界铁路业的发展，也让建筑高度不断更新。

*

　　亨利·贝塞麦的父亲安东尼（Anthony）经营一家工厂，专门
为印刷行业生产字块。他对工厂严加看管，以保护生产机密不被
竞争对手窃取。但年轻的亨利经常悄悄潜入工厂，试图破解制造
铁字的秘密。安东尼发现自己不服管教的儿子竟对这门手艺如此
感兴趣，便态度一转，开始向儿子教授工厂里的事务。1828 年，
亨利 15 岁时，便正式离开学校与父亲一起工作。他十分热爱工
作，不仅精于金属锻造，还有绘画天分。最终，他开始了自己的

发明创造。

克里米亚战争期间（1853—1856），亨利·贝塞麦将注意力转移到英法军队抗击俄国所用的枪支上。这些枪最大的弱点是一次只能开一枪，之后就要再次装弹。亨利觉得加长枪膛，装入更多子弹是一个不错的改良，便在伦敦北部海格特（Highgate）的自家花园中做起了试验。但英国战争办公室（British War Office）对他的设计不屑一顾，于是他向法国国王拿破仑·波拿巴和他的官员们展示了自己的设计。官员们认为，虽然枪膛的设计很好，但增加的火力会让很脆的铸铁枪管爆开，并且他们觉得枪膛过大。贝塞麦表示不同意，他认为问题在枪体，而非枪膛——于是他决定找到更好的造枪方法。

他决定发明新的锻造方法，提高造枪所用的铁的质量（图5.2）。他在自制的锻造炉中正式开始了实验，殊不知他的留名千古的发明却源自一个失误。

一天，贝塞麦正在工作室的锻造炉中加热铁片。虽然他加大火力，但上层的几块铁片就是不熔化。他只好从炉子上方鼓入空气，然后戳了戳铁片看看是否熔化。但他惊讶地发现，这几块铁非但不像铸铁一样脆，还有着很好的延展性和柔韧度。贝塞麦注意到这几片是最靠近炙热空气的，于是意识到空气中的氧气一定与铁中的碳和其他杂质发生了反应，并去除了大部分杂质。

直到这时，所有人去除铁中杂质的方法都是通过烧炭或其他燃料在开敞的炉中加热铁。贝塞麦决定使用封闭的炉子，不断鼓入流动的暖空气——而不使用任何燃料。这就像往一个加了盖子

MANUFACTURE OF STEEL: THE BESSEMER PROCESS.

图 5.2　贝塞麦炼钢法，能够大规模低成本地炼钢，使建造业获得了飞跃性的发展。©duncan1890

的锅中通热气，而不是用煤气灶加热一个没有盖的锅。你可能会认为燃烧的煤会比热空气的温度更高，但实际并非如此。

　　贝塞麦一定仔细观察到了锻造炉顶部发生化学反应时产生的火花。接着产生了炼狱般的炙热——有一些小爆炸，熔化的金属飞溅，从炉中喷出。他甚至无法靠近机器将其关掉。可怕的十分钟过后，爆炸逐渐减少。贝塞麦发现，炉中剩下的是纯铁。

　　炼狱般的炉子中发生的是放能反应：这是一种在杂质氧化过程中释放能量（通常是热量）的化学过程。硅杂质被静静去除后，热空气流中的氧气开始与铁中的碳反应，同时释放大量的热量，使温度远远超过了煤炉所能达到的温度，因此贝塞麦无须使用外部热源。铁的温度越高，杂质去除得就越多，而这一过程释放的热量又进一步提高了铁的温度，去除了更多的杂质。于是这一正向循环造出了高纯度的熔化的铁。

有了纯铁，再加回适量的碳对贝塞麦来说就容易多了。在他发明这种方法之前，钢的制造成本高昂，只能用于制作餐具、工具、弹簧等小型物品。贝塞麦则扫清了这一障碍。

1856年，他向在切尔滕纳姆（Cheltenham）开会的不列颠科学协会（British Association）展示了他的工作。大家对他的制造过程感到兴奋不已，因为他的钢比当时市面上任何钢的价格都便宜六分之五之多。全国的工厂都为贝塞麦提供上万英镑，以求复制他的制造过程。但他对化学有限的了解差点葬送了他的前程。

当其他制造商试图重复贝塞麦的方法时，竟都失败了。由于他们为了使用这一技术支付了一大笔许可费，制造商们起诉了贝塞麦，贝塞麦则退还了所有许可费。接下来的两年里，他一直试图弄清为什么这一过程在他的砖砌锻造炉内可以成功，在其他地方就不行。最终他找到了症结所在：他所用的铁只含有一小部分的磷杂质。而其他人使用的铁磷含量很高，无法在砖炉内炼钢。于是贝塞麦尝试改变炉衬材料，最终发现将砖换成石灰就可以了。

然而第一次的失败让人难以理解，又牵涉高昂资金，贝塞麦的信用因此受损。这次没有人再愿意相信他。最终他决定自己在谢菲尔德开工厂，大规模生产钢。过了几年，工厂开始真正大规模工业化生产钢后，人们对他的怀疑才慢慢消散。到了1870年，已经有 15 家工厂，每年生产 20 万吨钢。1898 年贝塞麦去世时，全世界产钢量已经达到 1 200 万吨。

高质量的钢让铁路系统改头换面，钢可以更快，以更低廉的价格用于建造铁轨，耐久性也是铁的十倍之多。因此火车可以造得更大、更重、更快，连接起交通系统中的断点。而由于钢更便宜，它也可以用于桥梁和建筑——最终促使建筑高度冲破了天际线。

*

如果没有贝塞麦发明的钢，我就无法设计诺森比亚大学的天桥，因为大桥的关键就是钢承受拉力的能力。这座桥其实是我工作的第一个项目，当时我刚刚毕业。我依然可以清晰地记得开始新工作的第一天，搭乘伦敦拥挤的地铁去法院路（Chancery Lane）的情景。我被匆匆而过、西装革履的人流在地铁站里挤进挤出，有点兴奋，有点紧张，穿得也有些过于正式。穿过人行道后，我终于来到了我的目的地——一个白色石立面的五层办公楼。

约翰是我的新上司，他身材消瘦，个头普通，留着黑色短发，戴着无框眼镜，热爱板球（这连生长于印度的我也无法相比）。我填了一些表，他偶尔讽刺而幽默的言语让这一过程免于无聊。与此同时，我也不曾提及这一天其实是我 22 岁的生日。接下来，他给我看了他新设计大桥的手绘图（图 5.3），钢结构，即将在纽卡斯尔建造。果断的铅笔记号表明，大桥东端的桥塔会支撑起三组钢索，拉住大桥的主桥面。为了平衡大桥对塔施加的力，

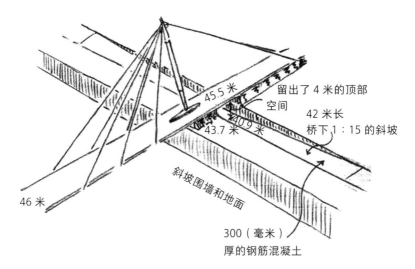

图 5.3 约翰·派克（John Parker）的诺森比亚大学天桥的草图。

另一面也固定了一组钢索。我坐在约翰身边看着面前的图纸，心中雀跃不已。至少对我来说，这是最好的生日礼物了。我的第一个项目就是这座优雅而出众的大桥，这让我十分兴奋。在视觉上的美观之外，这座大桥还有一些细节使其在我眼里更为美丽。

这座桥是一座斜拉桥（cable-stayed）。一个著名的斜拉桥例子是法国的米洛高架桥（Millau Viaduct）。七根柱子支撑起了有微微弧度的桥面，拉索像帆一样在桥面上展开，大桥看起来就像飘浮在塔恩河谷（Tarn Valley）270米高的上空一般。斜拉桥有多个桥塔连接桥索，桥索总是受拉力。拉力通过桥索直接传导到桥塔上，桥塔便受到压力，并将其传导至支撑大桥的桥基上，桥基则将受力分散至地面（图5.4）。

对于一个新手工程师来说，为诺森比亚天桥设计桥索（桥索

拉住桥面的
钢索

巨大的
混凝土柱

图 5.4　法国的米洛高架桥是斜拉桥的优雅实例。©Henry Ausloos

跟我的拳头差不多粗）是一个很大的挑战。如果你用一根钢尺做
桥面，用三根橡皮筋做拉索，你会发现必须找到每根橡皮筋合适
的拉伸量才能让它们平衡地拉住钢尺，使其保持水平。如果一侧
的橡皮筋拉伸太多，尺子就会倾斜，如果中间的橡皮筋太紧，尺
子就会向上弯。现在你可以想象在一座真实大小的桥上完成这一
过程有多么难。

　　我用软件制作了一个三维模型，模拟出了桥面下大桥的梁
架，以及连接桥面和桅杆的拉索。接着我将重力，还有可能在
大桥上站着的人的重量加到桥上，并且考虑到人们在不同时间
可能会聚集在大桥的不同部位。例如，在大北赛（Great North
Run，半程马拉松比赛）时，运动员会沿着大桥下的公路跑步，
欢呼的人群可能在参赛者跑来时站在大桥一边，然后转移到另

一边看着他们跑远。我需要考虑大桥的"负载模式"（patterned loading）——模拟出人们以不同方式站在大桥上的情形。不论人站在哪里，桥索都必须保持紧绷，拉住桥面。没有拉力的桥索就会松垮，桥面也就失去了支撑。为了防止这种情况发生，我为桥索增加了额外的拉力。

拉紧桥索可以用千斤顶，这是一种两头都有锁扣的管子。每根桥索中至少有一处会断开，装上千斤顶。千斤顶两头的锁扣分别与桥索的两端相连。千斤顶可以进行调整，将两端拉得更近（拉紧桥索）或更远（放松桥索），以此改变桥索所受的拉力。在我设计的天桥上，你会注意到，桥塔上呈放射状的桥索有一些连接部位——这些地方的桥索比其他地方要粗一些：这里就是安装千斤顶的地方。这就像把之前演示中的橡皮筋换成更短一些的，然后再将它们拉到原先的长度。这样橡皮筋的拉伸量就更大——即受到了更大的拉力或张力。

建造斜拉桥的关键是平衡。如果用一张纸牌当桥面，用橡皮筋拉住，纸牌就会翻起来。将纸牌换成一本书，你就可以使橡皮筋拉紧，并且保证书平稳不动。当桥面的硬度和桥索的拉力互相作用、达到平衡时，就可以计算出桥索受到的力。在画大桥的草图时，我标注了每根桥索紧绷而不松垮时所需的受力大小。

工程师的工作很像在玩杂技转盘。你需要同时计划掌控一大堆的问题。例如温度：像所有结构一样，我的大桥也受其影响。大桥在一年中会有不同程度（根据季节的不同）的升温和冷却。钢的热膨胀系数是 12×10^{-6}。这表示温度每变化 1 摄氏度，1 毫米的材料就会热胀冷缩 0.000 012 毫米。这听起来也许微不足道，但我的大桥有 40 米长，设计中要考虑 40 摄氏度的温度变化。聪明的读者也许会说，英国的夏天不会比冬天热 40 摄氏度。的确如此。但是钢会从太阳光中吸收能量，温度比空气温度升得更高。我们关注的是在（合理）预期的极限天气中，钢材料会达到的温度范围，而非空气的温度范围。

这就意味着大桥的膨胀会多达 20 毫米。如果我将大桥的两端固定，防止它热胀冷缩，受热时钢桥面内就会产生巨大的压力，遇冷时则会产生巨大的拉力。问题是在大桥使用期限内，这种热胀冷缩可能会发生数千次，这种持续的拉伸和挤压不仅会逐渐对大桥桥体造成损坏，也会破坏两端的支撑结构。

为了防止这一现象，我让一端可以移动。［在规模更大的桥或是有许多桥墩的桥中，可以在多个部位设置"伸缩缝"（movement joint）。］因为这座桥的移动相对较小，可以用"橡胶支座"（rubber bearing）来吸收移动。构成桥面的钢梁由这些宽 400 毫米、长 300 毫米、厚 60 毫米的橡胶支座支撑。当钢材料膨胀或收缩时，支座就会弯曲，使桥面能够移动。

我还需要考虑振动和共振。我已经解释过地震是如何使一幢建筑产生共振的，就像歌剧演唱家用高音震碎红酒杯一样。对于人行天桥来说，我关心的是共振是否会让行人感到不适。较重的桥梁，如混凝土结构的桥，一般不会有这类问题，因为其自身的重量使其不容易发生振动。但钢桥面比较轻，并且其固有频率与行人行走的频率很接近，也就意味着很容易发生共振。因此，我们在桥面下装了有强韧弹簧的调谐质量阻尼器（图 5.5），用来吸收晃动，防止桥面振动幅度过大。这与台北 101 大厦阻尼摆的工作原理相似。这些阻尼器非常隐蔽，站在桥下，仔细观察桥面底部时（可能是在跑马拉松拉伸双腿时）你也许可以发现。留心的话你会看到三个钢制的箱子状的装置，藏在亮蓝色的梁架中间。

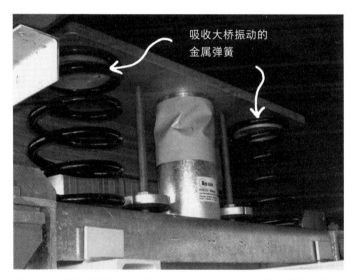

吸收大桥振动的
金属弹簧

图 5.5　一种调谐质量阻尼器，与使用在诺森比亚大学天桥中的类似。本图由罗玛·阿格拉瓦尔提供。

　　确定大桥的最终设计足够稳定坚固后，我需要考虑到底如何将其建成。大桥太大，无法完全建成后再运至纽卡斯尔。于是我去了达灵顿（Darlington）的钢制造厂。在焊弧迸发的火星流中，我们讨论了几种可能的方案，最后决定用大卡车将大桥的各部分分别运到现场。因此我们需要对大桥的不同部位进行分割，并且确保这些部件能够在连接上桥索之前安全地装配、承重，就像一件雕塑在安装各部分的过程中也要能够支撑自身的重量一样。

我们还要考虑如何将对公众的影响最小化。由于结构横跨机动车道，我们决定，最好的方式是将大桥分成四块分别运到附近，相互连接好后，再用起重机将大桥整体吊至场地。我们预订了一架独一无二的巨型起重机来完成这一工作。

几个月的规划都是为了保证大桥各部分能够顺利相接。首先，起重机的各部分在公共假日前的周末（bank-holiday weekend）到达了现场，道路封闭，一群钢筋工人将起重机装配起来。与此同时，大桥的四部分钢结构从达灵顿运至附近的一处停车场，并在那里连接，像拼图一样拼成桥面。

计划是将桥面吊至现场，然后再与桥索相接。在我的设计中，桥面需要三组桥索同时受力才能支撑住桥面自重和桥上聚集的行人的重量。这意味着在桥索安装之前，现场需要有另外的支撑装置。于是我计算出了桥面如何通过一根位于中心的柱子支撑（因为这种情况下桥上没有行人，柱子承受的荷载较小），然后在机动车道中央分隔带上建了一个临时钢柱。

机动车道关闭，吊车开始工作。桥面从停车场吊起，缓缓降至指定地点，最后两端落到大桥的混凝土支柱上，中心则落在临时钢柱上。接着桥面脱离吊车，机动车道重新开放。这一复杂的装配过程仅仅用了3天。

接下来的几周里，大桥剩下的部分被安装起来。吊车把桥柱吊到指定地点，用螺栓锚定在混凝土底座基础上。接着，最重要的桥索就可以从桥的一端开始，一组一组地安装上了。每装上一对桥索，千斤顶就会调整拉力。当所有的桥索都装好，最后调整过后，道路再次关闭，临时钢柱移走，大桥就完工了。

我通常不喜欢早起，但要去纽卡斯尔看大桥竣工那一天，我清晨5点就睁开了眼，大桥已经准备好迎接公众了。在大桥上迈出的一小步，对我来说就像是一次飞跃，我来来回回在大桥上走了很多次，又跑又跳。坚固的钢梁、拉紧的桥索、橡胶支座，还有调谐质量阻尼器都让我回想起了几个月前，我绞尽脑汁设计它们时的情景。可能除了我没有人会注意到这些细节，但它们让我十分开心。

大桥的一端有一条长椅。我坐在那里，看着睡眼惺忪的学生们走过大桥，赶往下一节课，不由自主地傻笑起来。他们并不知道，见证自己对于世界第一个有形的贡献是多么开心。

6
石　头

我是出了名的喜欢摸混凝土。其他人可能会无法抑制摸摸小猫或者博物馆里藏品的冲动，对我来说则是混凝土。不论它是否光滑、表面是不是深灰色、是否能看到其中的石粒、是否有意做得粗糙——我都要摸一摸，感受它的质地和温度。因此你可以想象我在罗马时的感受，成吨的古代混凝土就在我的头顶上，我却摸不到。

罗马罗通达广场（Piazza della Rotonda）的万神殿（Pantheon）是我最喜欢的建筑。它由古罗马皇帝哈德良于公元 122 年左右建造（大致在同一时期他还建了一堵墙将英格兰和苏格兰分开）。之后，它经历了多重身份——古罗马神祇的庙宇，基督教教堂，还曾做过墓地——即使遭到入侵者肆意破坏，教皇乌尔班八世甚至将天花板熔化造成大炮，它也一直屹立不倒。万神殿入口处是十六根科林斯柱的门廊，顶部是三角形山墙。圆形建筑的内部有一个穹顶，穹顶中心是一个圆形开口（拉丁语叫作 oculus，意思是眼睛），从中泻下一道仿佛来自天堂的光线（图 6.1）。这是一幢充满意境、比例优美的建筑。我在其中踱步，深深震撼于它的雄伟，我仰望着美轮美奂的天顶，不时与同样抬头仰望的游人相撞满怀。即使在今天，它也是世界上最大的混凝土穹顶。古罗马人的确技艺精湛，他们用被称为 *opus caementicium*（罗马混凝土）的革命性材料创造了这一件工程杰作。

图 6.1　意大利罗马万神殿中巨大的混凝土穹顶和圆孔。©DNY59

对我来说，混凝土的独特之处在于它的形态是不定的：它可以是任何东西。一开始它是岩体，接着是一团灰色的液体，可以倒进任何形状的模具里，之后经过化学反应，液体又再一次变回岩体。最后的成品可以是圆形的柱子、方形的梁、四边形的基础、片状的弧形屋面，或者是一个巨大的穹顶。它出色的可塑性意味着它可以被做成任何形状。它有着极高的强度，并且能够使用极长的时间。因而混凝土是除水之外，人们在地球上使用得最多的材料。

　　将大多数的岩体磨成粉再加上水，只能得到非常普通的一摊泥，两者并不能够相互作用。但有一种岩体经过高温加热后会发生奇妙的变化。将石灰岩和黏土的混合物在 1 450 摄氏度的窑炉中炙烤，它们不会熔化，而是会结合成小块。将这些块状物磨成精细的粉末，就得到了一种不可思议的材料的第一种成分。

　　这种粉末就是水泥（cement），呈灰色，看上去也许非常不起眼。但由于它在高温下形成，原材料已经发生了化学反应，往里面加水不会成为一摊泥，相反，它会发生水合作用——水分子会与石灰和黏土中的钙和硅反应，形成晶体状的纤维结构。这些纤维使材料成了胶质，即一种柔软却稳定的基质。随着反应继续，纤维不断生长，彼此相连，混合物也越来越稳定，直至最后固化。

　　因此，水 + 水泥粉末 = 水泥浆。水泥浆可以很好地硬化成岩体，但它也有缺点。首先，制造水泥成本很高，这一过程需要消耗大量的能量。同时，水合过程会释放大量热量。化学反应结束之后，水泥冷却收缩，就会产生裂缝。

　　幸运的是，工程师们发现，水泥浆与其他石头能够很好地结合，于是开始往其中加入聚合物（aggregate，大小、形状不一的石头和沙子）。聚合物不仅减少了石灰粉末的使用量（释放的热量也随之减少），也减少了能量的消耗，成本便随之降低。水泥砂浆经过同样的化学反应，生成纤维，彼此紧紧相连并且聚合——这一整体固化后就形成了我们今天熟悉的混凝土。即，水 + 水泥粉

末 + 聚合物 = 混凝土（concrete）。

　　制造高质量的混凝土需要把握正确的混合物配比：水太多，水就无法全部反应，制成的混凝土就不够坚固。水太少，混凝土粉末就无法全部反应，制成的混凝土也会同样不够坚固。要达到最好的效果，所有的水和水泥粉末都要完全反应。此外混合物本身也需要进行正确处理：如果没有完全混合，制成的混凝土质量会很差，较大较重的石砂会沉到底部，细沙和混凝土浆则浮在表面，混凝土质地就会不均匀，强度也就不够。这就是为什么混凝土车有一个巨大的滚筒——不断搅拌混合物，石砂聚合物就能均匀混合。

　　古代的工程师没有这样的混凝土车，但他们制造混凝土的配方与现在十分相似。他们也会炙烤石灰岩，将其磨成粉，然后加水制成糊，再混上小石子和碎砖块。然而，他们的混合物比我们今天的更粗糙。但古罗马人接下来发现了更好的材料。在维苏威火山附近有一种叫作 pozzolana 的火山灰。与其炙烤石灰岩来制作水泥，不如直接使用这种现成的火山灰。古罗马人将其与石灰、碎石和水混合，果然得到了符合预期硬度的混凝土。而且这种混合物在水下也可以硬化。火山灰在化学反应中不需要空气中的二氧化碳参与，因此没有空气也可以硬化。

　　一开始，古罗马人并不了解这种新材料的巨大潜力，只尝试在一些小型结构上应用这种新材料，例如加固墙壁或纪念物——即在两层砖之间夹一层混凝土（图 6.2）。毕竟，他们怎么知道混凝土不会像灰泥一样，几年后就产生裂缝，粉碎成块呢？当然，随着时间推移，他们终于意识到这种材料坚固得难以置信，与灰泥完全不可同日而语，于是混凝土便成了广泛使用的材料。同时，由于它可以在水下硬化，古罗马人便能够在河流中建造大桥的混凝土地基，解决了长久以来跨越宽阔河流的难题。

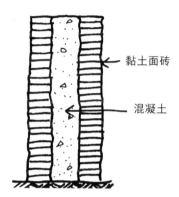

黏土面砖

混凝土

图 6.2 古罗马夹心混凝土。在古罗马构筑物中，混凝土墙两侧都贴上了砖。

古罗马人在建造中经常使用拱券，而混凝土则是建造拱券的绝佳材料。首先，它十分坚固，如果一块标准的黏土砖可以承受 5 只大象的重量，一块相同大小、质量一般的混凝土砖则可以承受 15 只大象。实际上，由高强度混凝土制成的砖块可以承受多达 80 只大象的重量。混凝土的强度可以通过改变混合物中各种材料的比例而改变。不同于砖块和灰泥的组合——灰泥通常比砖强度小，更容易断裂——混凝土可以整体成形，因此没有脆弱的连接点：其强度在整个混凝土块体中都是一致的。当然，如果压力大到一定程度，混凝土也会断裂破碎，但需要的力（或者说大象的数量）会非常大。

然而，混凝土是一种非常挑剔的材料。它喜欢压力，一千多年来人们也是如此使用它的，用其建造受压力的地基或墙壁。但它不喜欢被拉伸。它承受拉力的能力非常弱，实际上，只需以其可以承受的压力的十分之一的力量来拉它，混凝土就会裂开（图6.3）。这是万神殿让我印象深刻的另一个原因。古罗马人真正理解了混凝土的工作原理，也知道穹顶的原理，虽然混凝土不是建造这类巨大结构的理想材料，他们还是使用了混凝土，并且将其发挥得淋漓尽致。

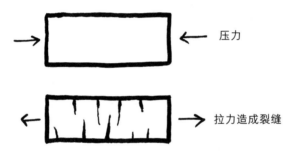

图 6.3　挑剔的混凝土喜欢承受压力。即使受到很小的拉力，混凝土也会裂开。

要想理解为什么用混凝土建造穹顶非常有挑战性，我们可以做一个拱券实验。将一片长条形的卡片弯曲成拱，放在桌上，你会发现，卡片不会自动保持拱的弧度，而是会直接塌平。要想让拱立起，需要在弯曲卡片的两端外侧各放一块橡皮。一开始，没有支撑点的卡片两端会向外推，导致拱坍塌，但放了橡皮之后，虽然拱依旧有向外的推力，橡皮与桌面之间的侧向摩擦力平衡了拱底端外推的力，使拱立起。这便是牛顿的力学第三定律：相互作用的物体间作用力与反作用力相等。拱底部对支撑点产生推的作用力——而支撑点反作用于拱，保持其稳定（图 6.4）。

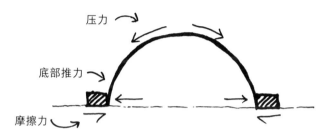

图 6.4 力在拱内传导，在底部产生推力。

穹顶与拱类似，只不过是三维的。第三层维度增加了复杂性。如果不是一条纸片，而是有许多条纸片，将它们叠放，在中心固定，并将它们同时弯曲，就能形成一个拱券。再将它们像扇子一样展开成 360 度（有点像地球的经度线），就形成了一个半球形，即穹顶。这个穹顶不会比一开始没有支撑点的拱券更坚固：它不会自动保持住半球形。你需要在桌子上放一圈橡皮，抵住每一条纸片的两端，才能使其保持形状。你还可以用更聪明一些的办法，比如用一根橡皮筋，像地球的纬度线一样，把穹顶底端箍住。有了橡皮筋，没有橡皮固定穹顶也可以保持稳定了。

也就是说，被橡皮筋箍住后，支撑穹顶的基础不会受到任何推力（与拱不同，图 6.5）。但你会发现，橡皮筋依然紧绷：它通过拉伸平衡了纸片的推力。因此，每一条纸片在"经度"的方向上都受到压力，而"纬度"方向上的拉力则将所有纸片固定住（图 6.6）。

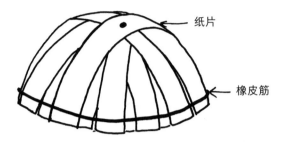

图 6.5　被"绑"得足够紧的话，穹顶中的力不会对基础产生推力。

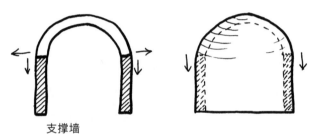

支撑墙
拱券：水平＋垂直方向上的力
穹顶：垂直方向上的力

图 6.6　拱券与穹顶中力传导方式的区别。

　　从广场上看万神殿的穹顶，弧度似乎很浅，但实际上它的内部几乎是一个完美的球形。外部弧度之所以看起来浅，是由于穹顶的基座比顶部要厚很多：顶部的混凝土仅厚 1.2 米，但基座处厚达 6 米。在底部加厚，穹顶就可以承受更大的拉力——材料越多，承受力越强（图 6.7）。

　　但古罗马人走得更远，还以七层阶梯状的同心环进一步加固（可以在外面看到，在圆孔上方也可以）。这些环起到了实验中橡皮筋的作用，平衡一部分的拉力，保持穹顶稳定。虽然混凝土无

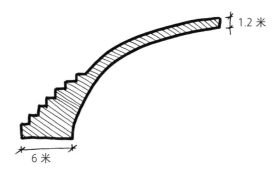

图 6.7 阶梯状增厚的一圈圈底座使万神殿的穹顶更为坚固。

法很好地承受拉力，但这一天才的设计保证了古罗马人的成功。

混凝土的厚度也许可以解决拉力的问题，但也带来了新的问题。穹顶越厚，使用的水泥材料就越多——也就是说会产生更多的热量，冷却后收缩得也越多。随着其冷却收缩，其内部就会产生拉力，而混凝土承受拉力的能力很弱，就会破裂。古罗马人也担心万神殿穹顶的底部会产生巨大的裂缝。人们认为穹顶内部的一系列方块凹格图案不仅仅是为了独特的视觉审美，也是用来使混凝土更快、更均匀地冷却，从而尽量减少裂缝产生。即便如此，研究万神殿的工程师们还是在穹顶的底部发现了一些裂缝（建造之时产生的古老裂缝）——但那并不影响这座古老建筑整体的稳定性。

少年时期第一次参观它时，我喜欢的是它的优美和安详。作为工程师第二次参观时，我（带着同样的爱）凝视它表面的凹格，寻找它基座上的裂纹。我久久望着从这座迷人建筑的顶部圆孔洒落的光辉。离开时，我惊叹于穹顶的宏伟、结构的简洁，同时也深知在古代建造这样一幢建筑是多么复杂。我常常想，我们今天设计建造的建筑是否也会像万神殿一样，2 000年后依然如此稳固，屹立不倒。它似乎是不可战胜的。

*

公元5世纪，罗马帝国覆灭后，黑暗时代（Dark Ages）——我喜欢称其为"易碎时代"——开始了，古罗马的混凝土工艺失传了近1 000年，我们又回到了原始的生活方式。在1300年左右混凝土才再次被发现，而即使那时，工程师们还是一直困惑于混凝土在拉力下易破裂的问题。几个世纪之后，混凝土真正的魔力才被一个小人物，在最意想不到的地方发现。

19世纪60年代，法国花匠约瑟夫·莫尼耶（Joseph Monier）不满于自己制作的陶罐总是破裂，所以试图用混凝土来制作罐子，但他发现混凝土与陶一样容易破裂。他突发奇想，决定在混凝土中加入金属网格使其更坚固。这个想法有两点让人觉得可能会失败——第一，混凝土可能无法与金属网格结合（没有人会想到两者能够结合），这样金属网格只会在罐子中形成更多的脆弱部分。第二，随着季节变化，金属和混凝土会以不同的程度热胀冷缩，形成更多的裂缝。但不经意之间，莫尼耶竟制作出了一个革命性的罐子，不仅坚固，而且几乎不会破裂。

和大多数金属一样，铁和钢（之前说过）的弹性和延展性都很好，能够很好地承受拉力，即在被拉伸时不会断裂。金属不像砖或混凝土一样脆。因此将混凝土（在拉力下会破裂）与铁（能够承受拉力）结合，莫尼耶便创造了一个完美的组合材料。实际上，在摩洛哥可以看到这一原理在古代的实践。柏柏尔（Berber）城市中的一些墙壁就是用泥混合稻草制作而成的，这种混合物叫作土坯砖（adobe），古埃及人、古巴比伦人和印第安人等都曾使用过。稻草的功能与水泥中的金属类似，它将泥和石膏联结在一起，由于稻草能够承受拉力，因此可以让混合物不会严重开裂。我所住的维多利亚时期公寓楼的墙壁的抹灰中掺了马毛，也是同样的道理。

1867 年，莫尼耶在巴黎博览会上展示了他的新材料，并将其应用扩展到了管子和梁架中。德国土木工程师古斯塔夫·阿道夫·维斯（Gustav Adolf Wayss）得知了这一材料，并设想用其建造整幢大楼。1879 年，他购买了莫尼耶的专利使用权，并对混凝土作为建筑材料使用进行了一系列研究。此后，他用强化混凝土建造的先驱性建筑和桥梁遍布了整个欧洲。

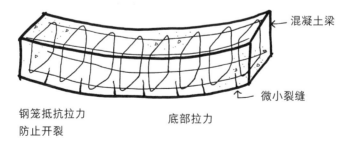

钢笼抵抗拉力
防止开裂　　　　　底部拉力

混凝土梁

微小裂缝

图 6.8　建筑材料的完美结合：钢笼强化了混凝土，抵抗拉力，防止开裂。

钢（在贝塞麦炼钢方法推广后取代了铁）与混凝土的结合在今天显得再合理不过，以至于让我觉得这两者没有自古以来就结合使用是件难以置信的事情。我设计的所有混凝土结构中，都使用了钢筋强化。这些 8 毫米至 40 毫米不等的钢筋条被弯成各种形状，相连成网格与混凝土结合（图 6.8）。我通过计算知道混凝土哪里会承受拉力，哪里会受压力，并根据结果合理分布钢筋。

施工方根据我的图纸确定项目使用的每一根钢筋的直径和形状，并计算其重量。将这些计划送到工厂，几周之后真正的钢筋就做好了，它们固定成形后，就可以往其中浇入混凝土。

随着混凝土混合物中的化学反应不断进行，钢筋与混凝土形成了坚固的联结。就像水泥浆与砂石牢固结合一样，它也与钢筋紧密结合。一旦互相交融，钢筋与混凝土就密不可分。它们有着几乎相同的热膨胀系数——也就是说，在同样的温度变化下，两者膨胀或者收缩的量几乎相同。当混凝土梁在重力作用下弯曲，顶部受到挤压，底部受到拉伸时，混凝土底部就会裂开。这些裂缝往往不到一毫米，肉眼通常无法察觉，但它们已经产生。一旦出现裂缝，梁底部的钢筋就开始发挥作用，继续承受拉力，保持梁的稳定。

钢筋混凝土已经成了现代建筑的基因。伦敦周围许多建筑工地都被围得严严实实，窗户也很小。我每次经过这些地方，都会不由自主地往里面瞄，好奇里面在做什么。不论是什么工地，我总能看见一堆堆钢筋正等着被焊接到一起，或者是装在木模具中已经焊好的钢筋网。接着滚筒的水车现身，混凝土被倒入模具中，然后工人们会接上电源，使模具内的混凝土不断振动，保证里面的聚合物均匀分布。工程师在设计时会保证钢筋中的间隙足够大，使混凝土能够充分流动。在我还是一个初出茅庐的工程师时，我的第一位上司约翰跟我说过："如果金丝雀能从你的钢筋笼中飞走，钢筋就太宽疏，如果金丝雀被卡死了，钢筋就太密。"这一课我永远不会忘记。（当然在这个想象的实验中没有金丝雀受伤。）

当混凝土浇灌完成、混合均匀后，工人们用耙子平整表面，等待其硬化。但这种神奇的材料还有一个隐藏的秘密：在接下来的几周里，化学反应基本完成，人们会对材料进行测试，保证达到预期强度。但实际上，材料的强度还会不断增加——速度非常缓慢——在几个月、甚至几年后才到达稳定的强度高峰。

*

如今，我们在许多结构中使用混凝土，用其建造摩天大楼、公寓楼、隧道、矿井、道路、堤坝和不计其数的其他结构。在古代，不同的文明使用与自己的工艺、气候和环境相适应的不同材料与建造技术。今天，混凝土则遍行世界。

科学家与工程师也在不断创新，希望制造出比现在更为持久耐用的水泥。最新的发明是一种可以"自愈"的混凝土。其中加入了微小的乳酸钙胶囊，与液态混凝土混合。胶囊里蕴含了惊人的秘密，其中包含了一种细菌（常见于火山附近碱性很高的湖中），可以在没有氧气和食物的环境下生存50年。混合了这些细菌胶囊的混凝土硬化后，如果出现裂缝，且有水进入的话，水就会激活胶囊，释放细菌。由于习惯了碱性的环境，在高碱度的混凝土中它们也不会死亡。相反，它们会以胶囊为食，将钙与氧气和二氧化碳结合，生成方解石，即纯石灰。混凝土的裂缝中充满了石灰，便自我修复了。

我们还面临着其他挑战。人类制造的二氧化碳中有 5% 来自混凝土制造过程。少量使用混凝土对环境的影响并不大，但由于我们使用大量的混凝土，二氧化碳的排放便很快累积起来。一部分二氧化碳来自燃烧石灰岩制作混凝土粉末，另一部分则来自水合反应。混合物中的混凝土粉末可以用一些其他工业生产的废料代替，例如冶铁过程产生的"细磨矿渣"（ground granulated blast furnace slag）。使用这些废料不会太影响混凝土的强度，却可以减少成吨的碳排放。但它并不能用于所有的建造过程中，因为这些替代成分会对混合物产生其他的影响。它们会使混凝土硬化所需的时间更长，黏稠度更大，因而更难用泵抽到高层。建造摩天大楼时，这就会是一个大问题。

我参与设计的摩天大楼——伦敦碎片大厦，非常巧妙地在运用钢筋的同时解决了办公区和居住区的建造要求。在典型的办公楼中，建造的目标是用最少的柱子建造宽敞、开放的空间，因此通常会选择钢材料来建造，因为它在压力和拉力下都性能良好，即同样厚度下，钢梁的跨度比混凝土更大。此外，与公寓楼相比，办公楼需要更大的空间放置空调机、通风管、水管和电线。而工字型钢梁之间的空隙可以提供足够的空间（图6.9）。钢结构也比混凝土结构更轻，因此地基也可以更小。

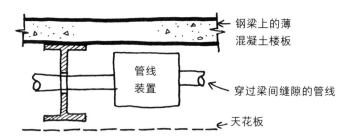

图 6.9　办公楼中钢梁和混凝土楼板的组织方式。

与之相比，公寓楼和酒店的楼层被分成了一间间单元，因而不需要费力创造开阔的空间，可以将混凝土柱藏在墙中支撑混凝土楼板（图 6.10）。混凝土楼板比钢楼板薄，因而在同样的高度下，混凝土建筑的楼层更多。需要设置的管线和通道更少，可以直接放在楼板下方。混凝土吸收声音的能力也更好，楼层之间的噪音就更少——在办公楼中这就不那么重要了，只要你不在上班时睡觉。

伦敦碎片大厦的低层是办公区，高层则是酒店和公寓楼，所以我们在不同区域使用了不同的材料。低楼层由钢柱梁建造，创造开阔的办公空间，高楼层用混凝土建造，保证私密性。虽然在

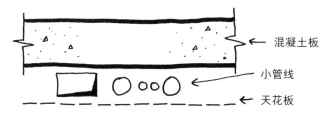

图 6.10　公寓楼中混凝土楼板的组织方式。

不同部位使用合适的材料似乎是显而易见的，但这种做法并不常见。全世界也只有屈指可数的几幢建筑使用了这种建造方式。一个原因是，使用同一种材料在物料管理上更容易（也许成本也更低）。但我认为，好的设计应该眼光长远，使用更少的材料建造也更为环保。另一个原因是多功能的建筑并不如单一功能的建筑普遍。但随着多功能建筑越来越多，我认为使用多种材料的建筑方式也会更为普及。

能够高效地使用合适的材料才是一个好的工程。我们常常认为混凝土作为一种古老的材料已经过时，但它其实也孕育着材料的未来。科学家和工程师正在研发一种超高强度的混合物，并努力使混凝土制造更为环保。也许有一天我们会发现能够完全取代混凝土的新材料。但同时，我们正以前所未有的速度建造城市，以满足不断增长的全球人口的需求。因此，在未来很长的时间里，构成我们天际线的都会是混凝土建筑。这也意味着我有更多的混凝土可以抚摸敲打了。

7
天　空

　　这些年来我参与了很多项目，如纽卡斯尔的人行天桥、伦敦的混凝土公寓楼和翻新砖结构的水晶宫火车站。但我的专长还是摩天大楼——讽刺的是，我其实有点恐高。

　　不要误会，我不会像电影《迷魂记》(Vertigo)开场时詹姆斯·史都华(James Stewart)一样瞪大双眼，吓得一动不动；我也不会在从高处往下看时吓得胡言乱语，虽然我的双腿可能已经软了，这在工作中，确实会令我有一些不适。大多数情况下，我都安稳地坐在办公室（位于安全的第9层）电脑前。有时我也需要穿上工程师的一身经典行头——安全帽、工装夹克和工装靴——爬上我设计的结构。

　　2012年5月我在伦敦桥站下火车时，心情既兴奋又紧张。我从车站右拐，一路走到漆成亮蓝色的层压板门前，两旁是工地的围墙。每天有上千名上班族们经过这里，但他们不曾留意到这扇门曾一度是碎片大厦（图7.1）的入口，今天大厦的大门由玻璃与白色钢筋构成，光鲜亮丽，形成了巨大的反差。

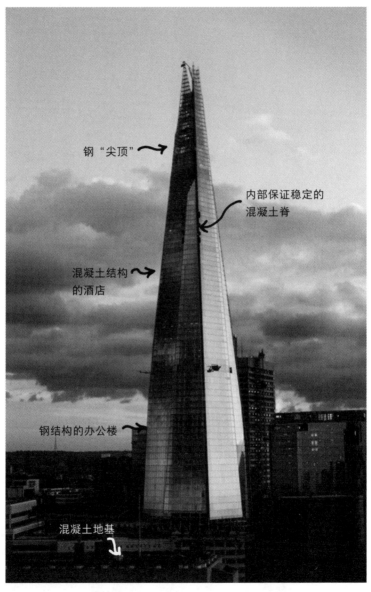

钢 "尖顶"

内部保证稳定的
混凝土脊

混凝土结构
的酒店

钢结构的办公楼

混凝土地基

图 7.1　碎片大厦现在是英国伦敦的地标建筑。©Allan Baxter

跨进层压板门，我便进入了一个塑料障碍物的迷宫。围栏隔出的通道与上一次我来时有所不同，我在其中穿梭，生怕迷路。最后我小心翼翼地踏进一个笼子状的电梯——其实是升降机，机身微微倾斜，角度与锥形的建筑一致。机器先是发出隆隆的声音，然后迅速上升，我死死盯着建筑，一点也不敢往下看。（碎片大厦的电梯是高层建筑中第一架外置倾斜的升降机，这很酷，但并不能减轻我的不适感。）终于，电梯停下来，我便来到了大厦的中部。大厦安静而荒凉，骨架还是光秃秃的，铁锈色的钢柱从坚实的灰色混凝土楼板中穿出。我克制住想要敲敲打打一番的冲动，试图想象这里充满了人、家具和各种活动时的样子。但在那一天，一切都非常安静。

我回到升降机中，去了可以到达的最高层——69层。在这里一切都感觉不同。整个结构暴露在外。建筑边缘由金属障碍物保护，玻璃墙还未安装。与低层的荒凉不同，这里人头攒动——工人们互相喊话，钢筋吊来吊去，起重机抬起梁架，发出"哗哗"的声响，混凝土则从震动的泵中倾泻而出。我的头顶上方是我一直在设计的大厦的"王冠"——优雅的尖顶，还需要上18层才能到达。我突然意识到这是我第一次到达这里，上一次来工地时它还尚未完工，这使得这一天非常特别。

在"停"的警示牌前，我必须停下。尖顶形的大厦到了第87层，空间变得非常狭小，即使站在楼层中心的楼梯上，我也感觉已经贴到了建筑的边缘。我的胃中开始翻滚，升起阵阵恐惧。我闭上双眼，深呼吸，冷冷的空气进入肺中，让我平静下来。当我不再头晕时，我睁开了一只眼睛（是的，只睁开了一只）。

我所在的地方是天空和人类世界的交界处。经过几个月的建立模型、计算和绘制图纸，我终于见到了亲手设计的建筑成形。它比图纸上或者电脑屏幕上看起来大很多，也真实很多。这一阶段的工程非常令人兴奋。这时还没有吊顶，也没有楼板和墙面的围合，也没有其他人踏入。对我来说这里就像摇滚音乐会的后台排练场，让我能够有幸一睹所有即将被隐藏或美化的，但又是成果中最重要的部分。现场勘查让我对自己创造的作品充满了敬意。它给了我动力，让我有了新的想法，也让我明白为什么我对设计和建造过程如此热爱，对摩天大楼如此情有独钟。

*

如果将人类历史上各时期最高的建筑排成一排（我会很乐意花一个晚上的时间做这件事），你会发现在 1880 年左右建筑的高度一下子蹿了上去。1 000 多年来，埃及吉萨金字塔（the Great Pyramid of Giza，146 米）一直保持着世界最高人造构筑物的纪录。直到中世纪，这一纪录才被林肯大教堂（Lincoln Cathedral，160 米）打破。林肯大教堂将纪录从 1311 年一直保持到了 1549 年，直到尖顶在一场暴风雨中折断，才将第一拱手相让于德国斯特拉松德（Stralsund）的圣玛丽教堂（St Mary's Church，151 米）。圣玛丽教堂在 1647 年被闪电击中，失去了尖顶，于是最高纪录由斯特拉斯堡教堂（Strasbourg Cathedral）取而代之（虽然只有 142 米，但此时的大金字塔已经风化严重，只有不到 140 米高了）成为第一

高。人们对高度的追求真正开始于 19 世纪。1884 年芝加哥建造了
第一幢摩天大楼。虽然只有 10 层楼，42 米高，与我们今天想象的
摩天大楼相去甚远，但它是第一幢由金属结构支撑的高楼。1889
年，埃菲尔铁塔成了第一座达到 300 米高度的建筑。从此之后，我
们的建造野心与建筑高度一起冲上了云霄。我们花了 4 000 多年
才用摇摇欲坠的尖顶超过了金字塔，而在过去的 150 年里，我们
的建筑便从 150 米达到了 1 000 多米 [①]（图 7.2 ）。

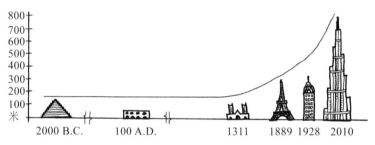

图 7.2　将各时期最高建筑排列起来，可以看出过去一个世纪的技术创新
大大加速了建筑高度的提升。

　　牛顿有一句名言："如果我看得更远，那是因为我站在巨人
的肩膀上。"站在西欧最高的建筑（310 米）上，我深深意识到它
的建造投入的材料和技术远远不止钢铁和起重机。它也提醒着我
们取得今天的成就，不能忘记历史上曾帮助我们打破天际线的重
要人物。牛顿当然是其中之一，没有他的力学第三定律，我就无
法在工作时计算出拱券中的力。还有另一些人物，让我们跳出思

———————————

① 　1 000 多米的指的是正在建设的吉达塔。——编者注

维定式（比如突破单层的建筑），发明起重机和电梯，否则我们依然囿于一层的建筑。碎片大厦不仅仅建造在创新的基础上，也建立在历史上一系列让建造业发生革命性变化、使摩天大楼成为可能的创造性思想与技术进步上。想要让建筑拔地而起，首要任务就是将材料运至高处。在起重机发明之前，这一难题极大地限制了我们建造的野心——直到阿基米德（公元前287—公元前212）发明了滑轮组。

*

实际上，在阿基米德之前滑轮就已经出现了。约公元前1500年，美索不达米亚文明（位于今天的伊拉克）就已经使用定滑轮运水了。滑轮是一个吊起的轮子，一根绳子绕过轮子，一端系上需要拉起的重物，比如桶，拉动另一端即可。滑轮是一种非常实用的工具，因为人在提起重物时可以站在地面上向下用力，让重力帮助发力。发明滑轮之前，人们必须在较高的位置，将重物往上提。滑轮改变了力的方向，人们便可以提起很重的物体了（图7.3）。

阿基米德是一个在数学、物理甚至武器制造方面都有着无尽想象力的人，在工程学上也是如此。他将绳子绕过多个滑轮，从而改进了装置。当只使用一个滑轮时，提升重物所需的力与物体的重力相等。即提起一个10千克的物体需要 $10\text{kg} \times 9.8\text{m/s}^2$（重力加速度）等于9.8N的力。N表示力的单位"牛"，以牛顿的名字命名，这又一次提醒我们牛顿在工程学上有着多么重要的地位，没

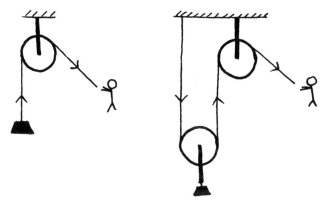

图 7.3　简单滑轮（左）和组合滑轮（右）。

有他的万有引力，就无法进行计算。你所做的功等于你施加的力乘以距离。用一个定滑轮将这个重物提升 1 米，你也需要拉绳子 1 米，因此做功为 9.8N × 1m=9.8N·m（即牛·米）。

　　如果用两个滑轮的话，虽然做的功大小不变（提升重物的重量和提升距离是一定的），所需的力大小却减半了。原因是，此时重量由两侧的绳子同时分担，而非仅一侧的绳子承受。并且每侧的绳子需要同时移动 1 米，重物才能够提升 1 米，也就是说一共需要拉 2 米的距离。做功总量不变，距离增加一倍，力的大小便减半。同样的原理可以应用在三个甚至十个滑轮上。

　　阿基米德向当时的统治者希罗王二世（King Hiero II）提出了一个大胆的论断，他相信，用滑轮组系统可以移动任何重量的物体。希罗王当然并不相信，因而要求阿基米德证明给他看。国王用军备库中最大的货船装满了人和货物，将它拉下海通常需要几十个人一起发力，但希罗王让阿基米德独自完成。在国王和众人的注视下，阿基米德组装起滑轮组，套上绳索，一端拴在船上，在另一端拉动绳子。据普鲁塔克（Plutarch）的《希腊罗马名人传》（*Lives*，据说是写于 2 世纪早期的传记）记载："他将船直直拉入海中，仿佛已然在海平面上航行一般顺畅。"

古罗马人发现了滑轮组的潜力，便进一步将它与已有的起重机结合。起重机的框架是两根木柱，组成人字形。两根柱子的顶端用铁箍钉在一起，底部固定在地面上。两根柱子的柱身之间安装一根水平的木棍（形成一个 A 字形），起到绞盘的作用，连上绳子后便可以通过转动而升降，类似从井中提水时用的装置。起重机顶部安装了两个滑轮，绳子将绞盘与两个滑轮相连，再绕上重物上方的第三个滑轮。绞盘一侧装有四个把手，用来转动绞盘。这样就可以相对轻松地升降重物了（图 7.4）。如果古罗马人需要升降更重的东西，只需要增加滑轮和绞盘的数量，再把四个把手

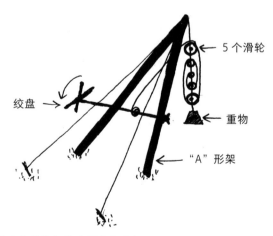

图 7.4　使用 5 个滑轮组的古罗马起重机。

的绞盘换成踏车转盘。

使用滑轮起重机，古罗马人能够提起的重量比古埃及人的重60倍。而我们今天使用的起重机虽然体积更大，但原理大同小异。空心的方形钢条被组装成高塔形的框架，然后装上起重机臂。起重机臂中至关重要的就是滑轮系统，人力和绞盘把手在这里换成了石油动力。起重机臂可以左右移动、360度旋转，举起成吨的钢铁和玻璃。这是阿基米德发明创造的现代版本。

*

深谙起重机和拱券潜力的古罗马人有能力建造更大的建筑，但除了建造能力还需要有建造野心：他们已经准备好了建造更大的建筑。随着帝国不断扩张，人口随之增加，古罗马人的村镇逐渐发展为城市。为了使居者有其屋，他们建造了被称为"因苏拉"（insulae）的集合住宅，即古代的公寓楼，有史无前例的10层高。（金字塔当然高度更高，但不是用来居住的。）

因苏拉遍布城市的每个街区，其四周围绕着道路（insulae原意为"小岛"）。当时在建造中通行的是用中央天井通风采光，因苏拉则不同，它是在面向街道的外立面开窗：实际上可以看成是内外翻转的建筑。底层的建造方式是在一排柱子之间架起较低的拱券，再用混凝土填平拱券的间隙，形成楼板。如果不用拱券，就需要用更多的柱子支撑楼板，能够建造的房间就更小、更闭塞。

古罗马人将柱子和拱一层层叠起，越建越高。建造开始时，需要考虑地基设计，以保证体积和重量如此庞大的建筑不会下沉。在研究了建筑所在的土壤后，他们建造了由石头和混凝土构成的地基，以支撑上方建筑。

价格最高、最受欢迎的是底层的房间。楼层越高，房间越小，价格也越便宜，这与今天刚好相反：今天最"高"的奢侈品是需要花一些钱才能住上的顶层。因苏拉住起来并不方便——没有电梯，住户需要步行上楼，水也无法被泵到高楼层，住户需要自己提水上楼，并把垃圾运下楼（虽然很多人会直接把垃圾丢出窗外）。途中还可能与动物狭路相逢：据说奶牛曾出现在因苏拉的三层。

楼里十分吵嚷，即使在玻璃窗取代了隔扇窗后，住户们也无法隔绝古罗马街道上的喧闹。日出之前，面包师们开炉起灶；清晨，老师们在广场大声讲课；整日都能听到金匠敲敲打打，货币的交换碰撞，乞丐苦苦哀求和商店里大声的讨价还价；到了夜晚，跌跌撞撞的醉酒水手和吱嘎作响的推车加入喧闹声。比噪音和肮脏更可怕的是对房子可能倒塌或烧毁的恐惧，这在一些质量差的街区经常发生。奥古斯丁大帝颁布了类似于现代规划条例的规定，把楼高限制在 20 米以下（之后尼禄调整到 18 米以下），但规定常常被无视。虽然条件很差，但公元 300 年时，古罗马的大多数人都住在因苏拉中，住宅总数超过 45 000 幢。而与之相比，独栋住宅只有不到 2 000 幢。

人类史无前例地建造了可供上百人居住的、有实际用途的多层高楼。这是革命性的创举——虽然对第一批住户来说，与邻居比肩而居可能令人有些不安；不习惯这种生活方式的外人也会觉得十分奇特。但这是建筑的未来。这一想法——人类可以叠层而居——孕育了今天的摩天大楼。

*

阿基米德改进了美索不达米亚文明的滑轮。同样，古罗马人也将阿基米德的发明应用在了新的地方，创造出了高荷载的起重机。但工程的进步不仅仅来自改进传统或改进已有发明，有时也需要打破传统，想世人之不敢想。比如我非常崇拜的莱昂纳多·达·芬奇（1452—1519）。他构想了飞行器、机械骑士，甚至还有著名的桥梁设想（由梯状的部件构成，可以很快地安装拆卸）。另一个这样的思想家是菲利波·布鲁内莱斯基（1377—1446），他以一人之力，心无旁骛地建造了文艺复兴建筑中最著名的穹顶，并且在建造中没有使用支撑框架，彻底改变了传统建造方式。人们常常在他背后喊"疯子来了！"，这对他来说也许是一种赞美。

布鲁内莱斯基生活的时期，佛罗伦萨的圣母百花大教堂（Cattedrale di Santa Maria del Fiore）已经建成一百多年。1296 年政府曾颁布法令，要求教堂的立面应"在高度和美观上都无与伦比，并超越古希腊和古罗马的同类建筑"。同年工程开工，由阿尔诺福·迪·坎比奥（Arnolfo di Cambio）主持设计 [他还设计了佛罗伦萨另两座地标建筑，圣十字教堂（Basilica di Santa Croce）和旧宫（Palazzo Vecchio）]。虽然法令目标远大，充满了热情与城市的野心——当然也耗资甚巨，但在接下来的几十年里，教堂的工程不断兴废，直到 1418 年才完工——除了穹顶部分。建造之时，没有人考虑过应该如何将穹顶放在一个直径 42 米的巨大窟窿上。

　　布鲁内莱斯基就住在教堂建造工地附近，伴随着未完工的穹顶长大。由于教堂的建造周期太长，旁边的一条路甚至被命名为"地基路"（Lungo di Fondamenti, "along the foundations"）。他在学徒时期学习锻造黄铜和金子、铸铁、给金属塑形。之后他来到罗马学习古罗马人留传下来的工程技术。布鲁内莱斯基一直对工程学很感兴趣，年轻时就立下了两个志愿：复兴古罗马时期伟大的建筑，以及为教堂建造穹顶（图 7.5）。此时，同时完成这两个心愿的机会来了。主持教堂建造工程的部门开展了设计比赛，寻找

图 7.5　布鲁内莱斯基的佛罗伦萨教堂，将这座意大利城市的圣母百花教堂封顶。本图由罗玛·阿格拉瓦尔提供。

建造穹顶的合适人选。布鲁内莱斯基激进的观念让想象力匮乏的
保守派产生了敌意，如果不说服他们，布鲁内莱斯基便很难获胜。
可惜的是他并不擅长交涉。（一次委员会评议他的设计时，不得不
强行将他驱逐出评审现场，赶到了广场上，这也让他赢得了"疯
子"的称号。）

不难理解为什么布鲁内莱斯基声称他有新的建造方法时人们
会嗤之以鼻。几千年来，拱券和穹顶的建造方式都没有变过。首先
由木匠制造一个木模具（centering），形状与拱券内侧相同。石匠
或砖匠小心地把砖石沿模具砌起，用砂浆粘连，先砌拱券底部的砖
石，渐渐砌到拱中心。最后一步是以拱心石为拱"加冕"（图 7.6）。
垒上拱心石之前，从底部砌成的两部分拱臂是断开的，全靠木模具
支撑，否则拱就会倒塌。但放上拱心石后，压力的传导路径就完整
了，拱券结构也就稳定了。这时去除模具拱也不会倒塌。穹顶的建
造过程相同，只不过用的是半球形的木模具。

所有人都认为这是建造穹顶的唯一方法，但布鲁内莱斯基不同

图 7.6　建造拱券的过程使用木框架，使得石块可以被放到相应位置，最
后以最重要的拱心石结束。

意。他向委员会展示了一个2米宽、近4米高，由5 000多块砖构成的穹顶模型，称建造时间只有一个多月，并且不需要木模具。大家对此充满疑惑，但布鲁内莱斯基拒绝告诉任何人他是如何做到的。

决定谁是穹顶最终设计者的委员会评审们一再要求布鲁内莱斯基展示他的建造方法，但他一概拒绝。一次评审会中，有其他很多投标建造穹顶的专家在场。布鲁内莱斯基拿进来一个鸡蛋，说如果有人能让鸡蛋直立，这个人便应该赢得建造的机会。人们一个个地接受挑战，但都失败了。接着，布鲁内莱斯基将鸡蛋狠狠地敲在桌子上，鸡蛋立住了（蛋壳当然也破了）。其他人抗议说，如果他们知道可以打破鸡蛋的话，任何人都可以做到。但布鲁内莱斯基反驳说："的确，如果我告诉你我准备如何建造穹顶的话，你也会说同样的话。"最终布鲁内莱斯基赢得了建造机会——当然也可能因为并没有太多其他的可行方案。（有人甚至建议将教堂用土填满，在建造时支撑穹顶，并在土里混入一些钱币，穹顶完成后小孩儿们就会为了找到钱币而积极地清空泥土。）

我还是物理专业的学生时就去过佛罗伦萨。老桥（Ponte Vecchio）、乔托钟楼（Giotto's Campanile）、洗礼堂（Baptistery）和圣芬莉堂（Santa Felicita）让整座城市像一座中世纪和文艺复兴早期工程的露天博物馆。城市的主教堂被亲切地称为"Il Duomo"，是城市当之无愧的中心建筑。我在教堂外站了许久，想将它尽收眼底——三道大门由四根高大的柱子间隔开来，构成简洁的对称（其顶部还有另外两根）；巨大玫瑰窗下是一系列精美的圣母和圣徒雕刻。圆形、尖拱、三角形、方形，还有彩色石块构成的装饰带，繁复的几何图案令人眼花缭乱但又和谐悦目。进入大门后，我的目光又立刻被头顶上的穹顶所吸引。

穹顶底部是八边形，每边都有一扇圆形的彩色玻璃窗引入天光。更多的光线来自穹顶中心的圆孔。彩色玻璃窗上方是精美绝伦的壁画，描绘的是末日审判的场景——层层云彩中的天使、圣徒和美德之神令人目不暇接。但作为科学家的我更想知道其背后的工程原理，看透这些精美装饰背后穹顶的本质。

观看穹顶的最佳位置是位于教堂旁广场的西角上的乔托钟楼。钟楼有414级石阶，这对我的体力是个考验。我最终还是登上了楼顶，得以一览穹顶深红色的砖块，以及勾勒出穹顶形状的八根白色肋条。这一视角令人激动无比，正适合向布鲁内莱斯基的天才致敬。对我来说，布鲁内莱斯基对现代工程学的意义，是他打破传统的思想与将想法变成现实的勇气。正是因为跳出传统的思维和对"不可能"的想象，工程学才不断发展。

布鲁内莱斯基在风格鲜明的细节草图中画出了肋条的结构（图7.7）。肋条起到拱券的作用，由石块建造，位于穹顶的八个角上。这些肋拱支撑着八面形的穹顶。在八条主要的石肋拱之外，还有为了抵御风力而设计的另外十六条辅助肋拱。布鲁内莱斯基将它们隐藏在两层砖外壳的空隙里，从外面看不见。空心的设计不仅可以隐藏辅助肋拱，还能够将穹顶自重减少到实心的一半。自重较轻，由此便可以在没有木模具支撑的情况下建造穹顶。

布鲁内莱斯基回到了最基本的原理。砖结构通常是分层砌筑的，一层砖、一层砂浆，再一层砖，如此反复。想象一下花园的

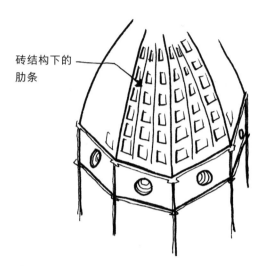

砖结构下的
肋条

图 7.7 穹顶的骨架夹在两层砖之前，是布鲁内莱斯基的独创。

墙壁你就有概念了。假设你想让墙壁向内弯曲（虽然不实际，但请耐心听我解释），就会出现问题：随着墙壁逐渐增高、变重，墙就可能因承受不住而开裂。砂浆通常比砖承重力小，因此与砖块相比，连续的一层灰浆可能会首先开裂。

为了解决这一问题，布鲁内莱斯基要求砖工们做一件之前没有做过的事情。他指导工匠们水平叠砌三层砖，再像放书一样在水平砖的一侧垂直垒砖。第二层以同样的方式，将三层水平砖与一块垂直砖交替砌筑。这一过程十分费时费力：工匠们一共垒了 400 多万块砖，并且要耐心等待第一层砖的灰浆干后再垒第二层。这种砌筑方式由于图案形似鱼骨而被称为"鱼骨形"（herringbone，图 7.8）。作为一名工程师，我欣赏这一想法的简单与可行性。既然连续的灰浆层是脆弱的环节，布鲁内莱斯基就用

图 7.8　鱼骨形砌砖法中垂直的砖块增强了墙面承受力。

垂直放置的砖块打破灰浆层，从而大大增强了弯曲墙体的承受力。

伦敦碎片大厦的建造也使用了类似的创新方法。设计大厦的脊柱（即核心筒）时，我所在的工程师团队采用了特别的建造方式。为了减少建造的时间，我们决定上下同时开工：下挖地基的同时向上盖楼。通常在建造地基时，人们会先挖一个大坑，四边用混凝土和钢建成墙壁加固。地基底部打上混凝土地桩，以支撑起即将建造的建筑。接着建筑地下部分每层都铺上混凝土板，直至达到地面层。这时地上部分建筑的建造才开始。

但是我们做了史无前例的事情。我们在地平面安装钻孔桩和需要打入的钢柱。首先建造地面高度的混凝土楼板，板上挖出圆孔，工人可以通过这些孔将下方的土挖出，把钢柱打入地下。在不断向下挖的同时，钢柱会与一个特殊的装置相连，建造中央的混凝土核心筒。建造核心筒的同时，地下室和地基也随之完工。这时，20 层高的巨大混凝土脊柱是由钢柱支撑的——地基尚未建造。整个结构是架空的。

这一做法叫作"逆作法"（top-down）施工（图 7.9）。以前通常应用于小型结构中，以支撑柱子和楼板，但从未用于建造核心筒，更不用说在如此大体量的建筑中使用了。这是工程的创举。

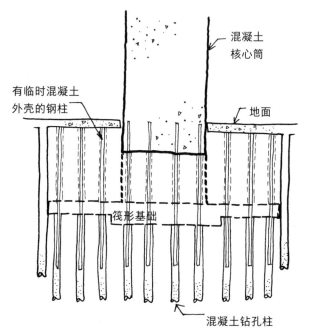

图 7.9　逆作法施工技术，在建造伦敦碎片大厦时使用。

我们跳出既定做法，节省了时间和金钱——我们用创造力解决了实际的世界难题。现在其他人在别的项目上也采用了我们的想法——人类总是在已有的想法基础上创新，世界著名教堂的穹顶，或者欧洲高度屈指可数的建筑都是如此。

*

　　2012 年 5 月那次去碎片大厦的工地时，我在笼子般的升降梯中迅速上升到 34 层，接着又到了 69 层。我紧盯着建筑，不敢向外或向下看。如果没有电梯的话，碎片大厦或任何摩天大楼可能都不会存在。古罗马因苏拉只建到 10 层，一方面的原因也是爬更高的楼层过于不便。今天，我们已经习惯只需按下按键，就能让电梯带着我们在高层塔楼里上下移动，并不会多想。但在 19 世纪 50 年代之前，电梯还不存在。而且，虽然我们在电梯发明出来之后很快就开始建造摩天大楼，但电梯最初并不是为了建筑而设计的，而是为了在工厂中安全地运输材料。

伊莱沙·奥的斯（Elisha Otis）有着与阿基米德一样旺盛且富于创造性的想象力。他做过各种工作——木匠、技工、床架制造商、工厂主，他还发明了自动车床，让床架的制造速率提高了四倍；此外他还发明了一种新型安全铁路制动装置，甚至还发明了自动烤面包箱。1852 年他受雇清理纽约州扬克斯（Yonkers）的一座工厂，苦于人工上下楼层搬运材料，便开始研究如何让机器来完成这一工作。将人或物从一层楼运送到另一层的方法几百年前就已经有了：例如古罗马的角斗士就是通过升降台从斗兽场的地下室升到场地上的。问题是这些装置不安全：如果升降平台的绳子突然断了，平台就会跌落，很可能让平台上的人丧命。奥的斯希望发明一种新的装置防止类似的惨剧。

他的想法是使用"马车弹簧"（wagon spring，图 7.10）。这是

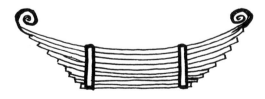

图 7.10　马车弹簧解决了电梯运转的问题。

一种 C 字形的弹簧，由薄钢条层叠而成，通常用于增大马车或货车跨度。受力时马车弹簧几乎是平的，不受力时则会弯起。这是因受力而产生的形变，奥的斯希望将其用于自己的发明中。首先他将光滑的引导轨（在电梯上下过程中固定电梯厢的轨道）换成了带齿的轨道。接着他设计了一个球门柱形状的装置，中央有铰链，底部两端岔开。他将弹簧、球门柱和电梯间上方的绳子相连。当绳子完好时，弹簧是平的，球门柱呈方形。绳子断裂时，弹簧

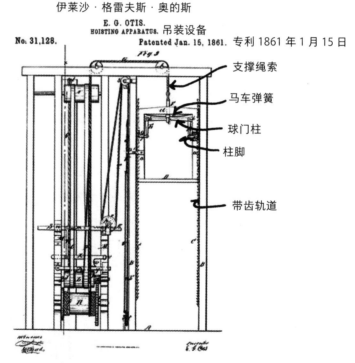

图 7.11　这一说明图来自奥的斯电梯的专利申请文件，当时称其为"吊装设备"（hoisting apparatus）。本图来自维基百科。

回缩成 C 字形，将球门柱往下压，使其产生形变，这样柱脚就会卡在带齿的轨道上，使电梯停下（图 7.11）。

但是要让公众关注他的发明，并展示其可行性，奥的斯需要一个大舞台——1853 年纽约的世界博览会便是他的机会。博览会以"世界工业展览"为名，旨在展现美国的技术实力和全世界的工业创新。奥的斯在巨大的展厅中将导轨、棘轮、弹簧、电梯室和吊装机械装好，并在电梯室中装满货物。当人群渐渐聚集，他便爬上电梯，升到最高。在人们的注视下，他命令助手切断升降绳索，助手便挥动斧子砍下。

电梯立刻下落，人们吓得屏住呼吸。突然之间，电梯就停住了，只下降了几英寸。在电梯上的奥的斯大声喊着："一切安好，先生们，一切安好。"

四年之后，奥的斯安装了他的第一台蒸汽驱动安全电梯。电梯位于纽约百老汇（Broadway）和布鲁姆街（Broome Street）交口处五层楼高的霍沃特（E. V. Haughwout & Co.）百货商场里。他以自己名字成立的公司一直为全世界的建筑提供电梯和扶梯，包括埃菲尔铁塔、帝国大厦和马来西亚的双子塔（Petronas Towers）等。没有奥的斯的发明，这些建筑也不大可能存在。在他的安全电梯发明出来之前，建筑的高度受限于人们可以攀爬的层数。电梯将这一局限打破，工程师们也可以开始思考建造真正的摩天大楼了。

从此以后，我们越建越高。但现在有了另一个问题：我们无法建造超过 500 米的电梯，因为升降电梯的钢索会过重，使电机无法高效运行。这也是为什么在非常高的大楼中，电梯通常不会一直通到顶楼，而是到中间再换另一架电梯上升至其余的楼层。但工程师们已经在研究使用不同材料来解决这一问题了。用强度更大又更轻的碳纤维替代钢索似乎是研究的方向，但碳纤维的防火能力不足又是一个问题。随着我们的建筑越建越高，对创新的需求也越来越大。

高层建筑的另一个挑战是晃动。第一章谈到了如何控制建筑晃动，以避免其中的人感觉头晕。但需要控制晃动还有另一个原因。电梯在笔直的导轨上运行，塔楼晃动时，电梯间和固定在上面的导轨就会弯曲。小幅度的弯曲不是问题——电梯里的齿轮和锁扣有一定的形变空间——但如果幅度太大，电梯就会停住无法运行。建筑越高，晃动越大，电梯间的弯曲度也就越大。解决这一问题的方法是提升电梯本身的性能，使其承受形变的空间更大，也可以在极端暴风中停运电梯。我相信在今天，现代的奥的斯也会想出天才的解决方法，也必须想出方法，因为电梯已经成了我们日常生活中不可或缺的一部分。每72小时乘坐电梯上下的人次与全世界人口数量相当。

*

我参观如今世界最高的建筑迪拜哈利法塔（Burj Khalifa）（高 828 米）时，就想到了奥的斯。他的公司在这座建筑中安装的电梯把我送到这幢 163 层高楼中位于第 124 层的观光平台上。与我在西欧最高塔外笼子般的升降机中的体验相比，这一过程格外平和，电子屏幕上的楼层数字以目不暇接的速度变化着，电梯以36 千米 / 小时的速度上升（伊莱沙·奥的斯在霍沃特大楼中的第一台电梯速度仅为 0.7 千米 / 小时）。一分钟之后，出现在我眼前的是一幅无与伦比的景色。一侧是建筑身后无限延伸至地平线的沙漠，另一侧是湛蓝的海洋，左边远处则是著名的棕榈叶形状的人造岛屿朱美拉棕榈岛（Palm Jumeirah）。我做好心理准备，确认从地面到天花板的玻璃幕墙是安全的，尝试着站到边缘向下望。我脚下是许多渺小的充满未来感的建筑，看起来就像是科幻电影场景里的微缩模型。但这些建筑实际上比欧洲甚至美国大多数的摩天大楼都要高，想到这里我深深地感到震惊。迪拜塔让它周围的一切变得渺小，也让你的尺度感大大扭曲。

像迪拜塔（图 7.12）一样的"超高"建筑之所以成为可能，要感谢 1929 年 4 月生于孟加拉国达卡（Dhaka）的一个男孩，法兹勒·汗（Fazlur Khan）。古灵精怪的他不喜欢传统的学校教育：他好奇的问题得到的总是老师古板的答案，因此他对上学毫不上心（虽然他的父亲是一位数学老师）。幸运的是，他的父亲很有耐心和眼光，发现儿子需要更为开放的教育，便下决心开发他的智识和好奇心，同时也训练他的自律能力。他让法兹勒解决和学校作业类似的问题，但启发他思考远远超出作业要求的答案；他还鼓励法兹勒从不同角度解决同样的问题。当法兹勒犹豫在大学是学习物理还是工程学时，他父亲引导他选择了后者，因为，用他的话说，工程学要求自律，并且要早起上课（其实物理学位也需要上很多早课）。1951 年，法兹勒以年级第一的成绩获得了达卡

一捆 "管子"，使塔楼保持稳定

图 7.12   迪拜哈利法塔是 2018 年世界上最高的建筑，它得以建成，一部分要归功于电梯技术的发展。©Alvin Ing, Light and Motion

大学土木工程学位，并于 1952 年获得福布莱特奖学金前往美国。在接下来的三年里，他得到了两个硕士学位和一个博士学位，同时还学习了法语和德语。

法兹勒想出了将建筑的稳定结构放在外部的方法——这一天

才的创新自此被用于全世界的地标建筑中，蓬皮杜中心、"小黄瓜"、赫斯特大厦和旋风大厦都应用了这一技术。法兹勒使用巨大的斜撑条交叉成坚固的三角形，创造出了坚韧的外骨架，有效地让传统摩天大楼内外翻转（图 7.13）。这一结构通常被称为"管系统"（tubular system），因为结构的外壳就像空心管一样提供支撑，但外壳的形状不一定是圆柱形。

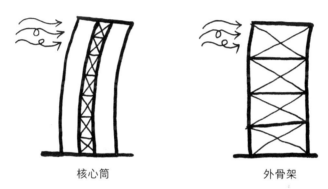

核心筒　　　　　　　　　外骨架

图 7.13　建造建筑稳定系统的另一种方式是放弃传统的中央核心筒，而使用外骨架。

　　让法兹勒将想法付诸实践的第一个项目是芝加哥的德威特–切斯纳特（DeWitt-Chestnut）公寓楼。但他的创新想法真正得以展现还是在 1968 年完工的约翰·汉考克中心（John Hancock Center）。这座 100 层（344 米）高的大楼当时是仅次于帝国大厦的世界第二高楼。大楼呈修长的长方体，立面微微向内收，使得其顶部比底部要窄。建筑的每一面上都能看到五个巨大的"X"，互相叠起，形成了大楼的斜撑系统（图 7.14）。五十多年后，这一引人注目的设计看起来依然现代而优雅。这一先驱性的设计让法

巨大的"X"形
结构让大楼保
持稳定

图 7.14　芝加哥的约翰·汉考克中心使用外骨架保持建筑稳定。©Garden
Photo World / Suzette Barnett

兹勒赢得了"摩天大楼管式设计之父"的美誉。

外骨架仅仅是法兹勒的众多想法之一。他还提出可以把多个
这样的骨架结合成一体。就像在手中握一把稻草：每根稻草就是
一根管，自身有一定的承受力，但将一把稻草捆在一起，整体就
更坚固，结构也更稳定。哈利法塔使用的就是这种结构的变体。
观察建筑的横截面，你会发现结构像花瓣和树叶组成的特殊的三

瓣形（它已经成了建筑的宣传形象：当你乘电梯上升时会看到灯光表演，三瓣形会成排在墙面上以不同组合方式闪烁）。"花瓣"其实就是一系列"稻草"，即有着外骨架的管子，互相连接时就可以彼此支撑。各个部分互相支撑的这一特性使得塔楼即便很高，也能够保持稳定。

建得更高的关键在于从外部而非从内部稳定结构。我能想到最危险的一次经历是我唯一一次的滑雪之旅。一开始教练不让我们用滑雪杖，我必须用双脚刹住保证不倒下。很快我就不知道摔了多少次，也不知道有了多少瘀青，但当我可以站直时——至少可以站直一会儿——我就可以用雪杖了。雪杖的作用太大了，张开双臂用雪杖稳定，我发现自己可以站得更久。虽然雪杖比我的腿细多了，也没有那么坚韧，但将它们支撑在双脚之外，就能让我更稳定。

有着外骨架的高楼也是同样的原理：通过将稳定性从很小的内部区域（就像我的双脚或者建筑的核心筒）扩展到外部（雪杖或外骨架），就能在建筑中产生更强的稳定性。将建筑内外翻转，这种做法为工程创造了更多的可能性：现在如果建造一幢20世纪初50层或60层的塔楼，用的材料会更少，成本也更低。如果使用与老建筑同等的材料，可以建造的高度则会高得多。因此从20世纪70年代开始，各类管系统塔楼就层出不穷，从中国香港的中国银行大楼、美国纽约原世贸大厦到吉隆坡的双子塔，都改变了天际线，创造了经典的现代城市的轮廓。

*

随着新的建造技术和结构体系的发明，以及计算能力的日益提高，结构工程师迎来了可以大显身手的时代。正如建筑高度的增加来自我们从前获得的经验，我们知识的深度也是如此。今天，我能够设计的建筑是连伟大的思想家达·芬奇也无法想象的。一百年之后的工程师毫无疑问也能够做出我今天绞尽脑汁而不得的东西。我和同事的成就基于上千年的工程历史，基于阿基米德、布鲁内莱斯基、奥的斯、法兹勒和无数其他人的贡献。

今天技术尽在手边，我认为建筑的高度没有任何限制。我们在过去四千多年里已经克服了许多物理、科学和技术的限制，只要有足够强度的材料、足够宽阔的场地、足够坚实的地基，以及足够多的资金，我不认为有什么能阻止我们达到期待的高度。应该问的问题是：我们想要达到多高？巨大的基础可能意味着楼层面积过大而中部光线不足。粗大坚实的柱梁可能会让生活工作的空间过于受限。还有使用者安全和便捷的问题：需要等多久电梯，又如何将成千上万的人从巨大的建筑中撤离呢？

技术无疑能够帮助我们实现野心。石墨烯等新型高强度材料已经在实验室中合成，起重机越来越大，逆作法工程等新技术也不断以创新的方式被应用。科学家和工程师正以前所未有的速度引领巨型摩天大楼的建造——如中国的武汉绿地中心（636 米），马来西亚吉隆坡的默迪卡塔（Merdeka Tower，682 米），以及沙特阿拉伯的长矛般的吉达塔（Jeddah Tower），它将成为世界上第一座达到 1 000 米的高楼。

　　但这一切将终于何处呢？

　　我住过的最高层是 10 层，我喜欢住所的风景和城市景观。但我不知道如果住在更高的地方是什么感受。在诸如中国的香港或上海等城市，对许多人来说住在 40 层稀松平常，居民们早已习惯。也许最终这会成为全世界的日常：越来越多的人移居城市，而建得更高是让我们所有人都能在日益紧张的空间中生活的最佳方式。

　　过去一个世纪，建筑高度的快速增长让我们无暇自问，我们到底是否喜欢离地面如此之高。如今，在比赛谁建得更高之外，我们也应该停下脚步，审视自己的欲望。关键在于我们想要建造什么，而不是能够建造什么。20 世纪 60 年代至 80 年代兴建了一批高楼之后，建筑师和工程师开始反思，到底什么样的建筑才是真正对人类和环境有益的。文化因素也很重要：不同国家和城市的发展阶段不同，对于向上建到底是否有益也有着不同看法。我相信，未来某个时候，建筑高度会进入平台期。当然，地标性的高塔仍然会拔地而起并不断突破新高，但最终人性会将我们从超高建筑中拉回地面。我们想与阳光共居，家中微风荡漾，更贴近土地，贴近我们的根。我们也许会仰望高楼，惊叹不已，但我们同样需要脚踏实地。

8

土　地

墨西哥城是建在湖上的。

它最初是一个小岛，后逐渐扩张。现在墨西哥城的城市规模已经远远超过它最初的面积，但城市的中心，即包括了大部分阿兹特克和西班牙历史建筑的区域，是建在一片湖上的。地面 28 米之下的土地是坚实而牢固的，而在此之上的一切都是后来填充的松散土壤，非常软、非常湿、非常脆弱。我将其形容为"一碗放着建筑的果冻"（图 8.1）。

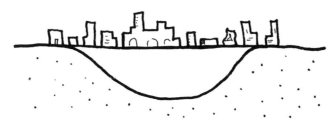

图 8.1　建在湖上的墨西哥城。

因此，墨西哥城的历史城区正在沉降，且速度非常快。在过去的 150 年里已经下沉了超过 10 米——比三层楼还要高。

*

我曾经得到一个在墨西哥演讲的机会，谈谈我的工作和设计的大楼，我果断抓住了这个机会。不仅因为墨西哥有很多我向往的景点：国立人类学博物馆、查普尔特佩克公园（Bosque de Chapultepec）、特奥蒂瓦坎（Teotihuacan）金字塔，当然还少不了拉丁美洲塔（ Torre Latinoamericana ），它曾经是墨西哥城第一高楼，而且是俯瞰漫无边际的墨西哥城的绝佳地点。当然，我也很想探寻城市之下不同寻常的土壤，以及它对城市中建筑带来的不同寻常的影响。

对工程来说，地面之下的部分与地面之上可见的部分同样重要。毕竟建筑（地上部分）设计得再好，如果没有同样精心设计的、稳定的（地下）结构支撑，没有充分研究建筑下土壤的分层与特性，没有针对不同的土壤采用相应的建造方式，建筑就都无法保持稳定。最终结果可能就是比萨斜塔。（我并不希望游客因此来看我的建筑。）得知墨西哥城有着世界上最具挑战性的建造土壤——加上极大的地震可能性——我知道这次旅程会成为向专家直接取经的好机会，可以亲耳听他们讲述如何让这座城市屹立不倒。

墨西哥城市的选址是先知的决定。威齐洛波契特里（Huitzilo-pochtli，战争与太阳之神）告诉阿兹特克人，他们必须离开高原，一只叼着蛇的鹰立在仙人掌上（如今墨西哥国旗上的图案）的地方，就是新的都城所在。阿兹特克人便随即启程，找寻了250年后，终于发现了神所预言的那只鹰。鹰立于特斯科科湖（Lake Texcoco）的一个小岛上，这并不让他们担忧（虽然我可以想象部落的工程师在勘查新的建筑工地，看到一片汪洋的时候，应该会在心底咒骂不已）。

特诺奇蒂特兰（Tenochtitlan）建于1325年，地名意为"仙人掌所在的地方"。全盛的时候，城市里遍布花园、运河和巨大的庙宇。它的统治者还下令扩大领地，让岛城与陆地相连。为此阿兹特克人将巨大的木桩推入湖中，建造了三条堤道，再在上面用土铺出了道路。这些道路就是现在横穿现代化古城的三条主要交通线路。

木桩是一种支撑桩（pile），形状、大小各有不同，但都有一个相同的作用：它们都是深埋于地下的柱子，用于支撑上部的结构。如果土壤太软，无法支撑上部结构的重量，支撑桩就会分担一部分重量，土壤就不会受力过大（图8.2）。古人通常使用树干，现代支撑大型结构的柱子通常是圆柱形的混凝土柱，有时也用管状、H形或梯形的钢柱。建筑的地基建于这些支撑桩之上，并用钢条相连。

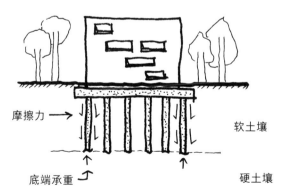

图 8.2 软土壤中由支撑桩支撑建筑。

支撑桩以两种方式将力传导至地下：通过桩表面与土壤之间的摩擦力，或者将力直接传导到端承桩（end-bearing pile）上。根据所支撑结构的重量和类型不同，可以设置多根支撑桩，其长度取决于所承受力的大小和所处的土壤类型。

摩擦桩（friction pile）通过桩表面与土壤间的摩擦力支撑结构的重量和负荷。支撑桩越多，与土壤的接触面积就越大，摩擦力就越大。摩擦力与结构的重量相互作用——以牛顿第三定律来解释，就是上部结构向下的力产生了向上的反作用力。

有时土壤太松软，无法为地桩提供摩擦力，这时就需要端承桩。端承桩很长，能够到达更深、更坚硬的地层。桩受到的力就可以传至底部，分散到地层中。

其实地桩不必在摩擦桩或端承桩中二选一，也可以两者兼备。如黏土等土质因为容易与桩黏合，摩擦性好。但如果负荷过大，而建造空间又受限，摩擦力不足以支撑结构重量，这时就可以加长地桩，达到更坚硬的地层。例如在伦敦，高度紧密的沙土层大约深 50 米，在建造大型结构时通常需要钻这么深。

工程师的重要工作之一，就是计算出需要多少根地桩，每根需要多大。首先需要进行土壤检测，知道土壤各层在哪里、有多厚、强度有多大。如果发现靠一"片"混凝土无法让建筑不沉降，就需要使用地桩。通过土壤检测报告中的数据和岩土工程师的帮助，工程师就可以计算出地桩要打多深才能达到坚硬的地层，还可以知道每层土壤的摩擦系数。

接着需要确定地桩的直径。小直径地桩的好处是更便宜，安装也更方便，但可能不够坚硬。大直径地桩表面积更大，产生的摩擦力也更大；底面积更大，承受力也更大。计算的过程是寻找最佳组合的过程。我先选定一个直径，计算出在给定长度下地桩能够承受的力，再将建筑的总重量除以一根地桩的承重量，就得出了所需地桩的数量。如果建筑下方可以安装这么多地桩，就可以按这个方案进行了。如果不行的话，就需要放大地桩，重新计算。我在伦敦老街（Old Street）附近设计的一幢40层高的塔楼中，一共使用了40根直径0.6米到0.9米不等的地桩，其中一些受力较大的甚至超过了50米长。很多摩天大楼是完全由摩擦桩支撑的（土壤条件够好的话，地桩可以提供所需的承受力）。但这座塔楼里的地桩既有摩擦桩，也有端承桩，因为伦敦的黏土相对较软，很深的地层也是如此。

打地桩本身就是一项挑战，现代机械的发明让今天所用的巨大地桩成为可能。如今打地桩用的通常是像巨型开瓶器一样的装置，一边旋转一边打入地下深处，然后反方向旋转抽出，同时带出泥土，留下一个洞，往里面浇入混凝土。在混凝土未干之时，在里面插入钢笼，加强地桩强度。在现代机械出现之前，几个世纪以来，大多数工程师只是简单地将地桩敲进土中，就像阿兹特克人在特斯科科湖上所做的一样。从工程的角度来看，阿兹特克人的建造是成功的，在接下来两百年里都屹立不倒。

但外族人来了。

西班牙人1521年占领了特诺奇蒂特兰，将其夷为平地，并在阿兹特克金字塔神庙的地基上重建了城市。他们砍伐湖周边的树木，造成泥石流和水土流失，于是河床变浅、水位上涨，导致城市在 17、18 世纪频发洪水，造成了巨大的破坏（1629 年洪水之后，城市被水淹没了 5 年）。最终湖被人们用土填平，城市才得以扩张，但由于地面自然水位高，城市依然饱受规律性的洪水之害。

在地面之下一定深度，地下水可以自由流动，充满土壤，这便是潜水面（water table）。在潜水面较浅的地区打洞，洞内很快就会充满地下水。这与特斯科科湖最初的情况很像。如果你用土把洞填满——正如特斯科科湖被土填平那样——然后在上面浇水模仿降雨的情形，最终水会在土壤表面聚集成水塘（就像花园在暴雨过后会布满水塘一样，因为土壤已经饱和了）。墨西哥城也是如此。湖被用土填平，水却无处可去。一旦下雨，雨水就使原来的地下水增多，漫延至墨西哥城的街道。20 世纪建设了大型下水道系统疏导雨水后，水灾的问题才得以解决。但在如此充满不确定性又不稳固的基础上建造城市的后果，在今天的城市中也随处可见。

*

我站在墨西哥城巨大的灰色主教座堂（Metropolitan Cathedral，图 8.3a）前的广场上，在人群中寻找埃弗莱因·奥凡多-雪莱（Efraín Ovando-Shelley）博士的身影。他是一位岩土工程师。照片上的他戴着太阳镜，穿着卡其制服，看起来很像印第安纳·琼斯（Indiana Jones）。坚实整齐的柱子与柱间精致的雕刻形成鲜明的对比，但吸引我工程师双眼的是建筑上的裂缝。我看到石头和

（a）墨西哥城主教座堂。©Paola Cravino Photography

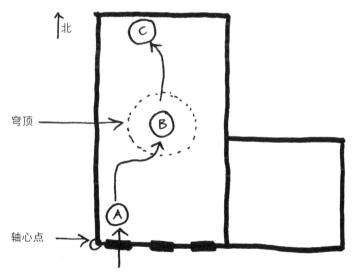

（b）主教座堂地图。

图 8.3　墨西哥城主教座堂。

灰泥间裂开的黑色缝隙，大门两侧的巨大钟塔看起来似乎也并不完全垂直。奥凡多-雪莱博士在约定的时间出现，打断了我的思绪。他依然戴着太阳镜，向我打招呼，递给我他写的书，领我走进教堂，开始了一次不同寻常的游览。

我一走进入口（图 8.3b 上的 A 点）就感觉有些异样。成群结队的游客被教堂的宏伟深深震撼。朝圣者在磨得光滑的长凳上虔诚地低头静坐。我的视线则被地板吸引。向教堂深处走时，我感觉似乎在走上坡。的确如此——地面长期的不均匀沉降使得教堂向一侧倾斜。

教堂于 1573 年动工，建造于阿兹特克金字塔的基础之上。建筑师克劳迪欧·德·阿尔西涅加（Claudio de Arciniega）深知土壤的问题，因此对地面做了巧妙的设计。他首先将两万两千多根木桩——每根长 3 米至 4 米——打入地下，将土壤"钉住"，使其紧实。就像一盒沙子里插上了一排排烤肉用的铁钎，这时如果摇晃盒子，盒中沙子晃动的程度会比没有铁钎小很多。这里铁钎的作用与前面提到的地桩略有不同，它们并不用来支撑教堂的重量，而只用于加固土壤。

之后工人们在木桩上建造一个长 140 米、宽 70 米的巨大砌筑平台，大约与足球场同宽，但长度为其 1.5 倍，厚度约 900 毫米。平台上再放上巨大的地梁，构成网格，样子有点像华夫饼。这样教堂的柱子和墙就可以落在梁上。梁的上表面就是教堂的地面。柱子的重量传导到平台上，再继续传导至土壤中。这种地基（带或不带巨大的地梁）就是"筏形地基"（raft foundation，图 8.4）。

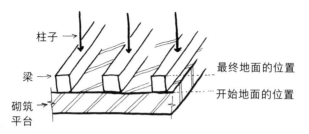

图 8.4 教堂筏式地基的各层结构。

"筏式地基"正是像"筏"一样"浮"在地面上的。在软土上建造时，重点是不能在土壤上加载过大且集中的负荷，否则就会像穿着高跟鞋踩在泥上一样。夏天参加过婚礼的人都会知道，又尖又细的高跟鞋很容易陷到泥里，因为它对地面的压强（即力除以受力面积）很大。平底鞋则不容易下陷，因为同样的重量被更大的受力面积分散了——雪地靴就是这个原理。因此教堂的砌筑平台的作用就像是泥地上的平底鞋，将建筑的重量分散到更大的面积上。但问题是有时土壤太软，即使将结构的重量分散到很大的面积上，避免集中负荷，也不足以解决问题。

需要指出的是，这里没有使用摩擦桩和端承桩支撑建筑的重量。也许是因为下面有金字塔的地基，也可能是因为当时的工程师意识到，将地桩打到更硬的地层可能会适得其反，使教堂上升。墨西哥城的独立纪念碑（Angel of Independence，建于 1910 年）就是由地桩支撑的。在其建成后的 100 年里，人们不得不在其基础上加了 14 级台阶，因为它在不断抬升。墨西哥城的工程师们认为，让整个城市的建筑缓慢、平稳、同步下沉是最好的选择。

刚动工时，砌筑平台的上层与外部的地面是平齐的。上面是3.5米深的地梁，梁上是教堂的地面。因此建造时，教堂地面要比地平面高3.5米。这说明工程师当时就知道教堂会下沉，并计划好工程完工时，整个建筑会下沉到刚好的位置，使教堂地面与地平面平齐。工程师希望建筑能够均匀沉降，并且在沉降过程中不会受损。虽然阿尔西涅加尽力了，但建造时随着巨大的石块一层层堆叠，建筑还是出现了不均匀沉降。建筑的西南角（地图中左前角）比东北角下沉得要多。为了弥补这令人不安的不均匀沉降，工人们将南端的砌筑平台加厚了900毫米。

平台不均匀沉降的结构原因在于，土壤也有"历史的包袱"。仅仅与土壤"打个照面"，知道它在建造开始那天"心情"如何是不够的，不能认为它过去的心路历程不会影响它之后的表现。工程师必须考虑它的历史和性格。阿兹特克人在教堂所在的位置建造过金字塔，并不断加层，一方面有宗教的原因，另一方面也是为了掩盖沉降带来的损坏。持续的建造影响了土壤的物理性质：一些区域在巨大的压力下变得紧密结实，而另一些没有承受很大重量的区域则保持疏松。当地基建在紧实的土壤上时，沉降得就少；建在较疏松的土壤上时，沉降得就多。

即使在西班牙工匠们完成了地基后，结构仍在继续不均匀沉降。于是他们试图通过改变上部结构的角度来弥补沉降的落差。奥凡多-雪莱博士指出一些区域，那里的石头被切成了梯形（通常应该形状相同，砌成水平状）。这让工匠可以在已经砌好的石块发

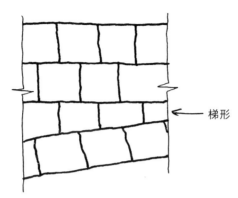

梯形

图 8.5　重新找平的方式。

生下沉倾斜后重新找平（图 8.5）。应对不断下沉还有其他的调整方式：建筑南端的一根柱子比北端的高出近一米。教堂花了 240 年才完工，但在这段时间里，以及在这之后，它都以惊人的速度下沉。

　　我和奥凡多-雪莱博士沿着走廊（图 8.3b 上的 B 点）漫步，在中央穹顶下停驻。这里悬挂着一座巨大的火箭形状的摆（或者说是铅垂线），由泛着光亮的黄铜和钢制成。它显示出教堂倾斜的程度有多大。你可以用一根线、一个重物和一个透明塑料盒子模拟这一实验。将重物拴在线上，挂在盒子内顶面的中心。将盒子放在水平的桌子上。你会看到这个简易摆刚好悬于盒子底面中心的上方。将盒子微微倾斜，摆就会远离中心。将盒子倾斜 45 度，摆就会移到底面的一角。大教堂里的摆也是同样的原理：由于地基倾斜，而摆是垂直的，因此只要观察不同时间摆指向的位置就可以检测教堂的倾斜程度。

1910 年对教堂两端的高度进行了测量。工程师们得出结论，自 1573 年开始，地板一端比另一端高了 2.4 米，这实在令人震惊。建筑倾斜如此之大让人难以想象，但不难想象的是这对建筑的稳定性造成的巨大影响。到了 20 世纪 90 年代，教堂的钟塔已经摇摇欲坠，随时可能倒塌。

1993 年全面修复工程开始。奥凡多-雪莱博士是参与修复工作的庞大工程师队伍中的一员。他们发现几乎不可能阻止建筑整体下沉，但如果可以让下沉更均匀，建筑受到的损害就会更小。然而在考虑如何让它均匀沉降之前，需要首先将教堂调整为基本水平。

游览继续，我们从穹顶下来到了教堂的背后（图 8.3b 上的 C 点）。在这里，金色的巴洛克式国王祭坛（Altar of the Kings）闪烁着光辉。祭坛一直延伸至屋顶，装饰着精美的手工雕刻的人像——眼花缭乱的设计不断刺激感官，给人以震撼，让人敬畏。这里的确能让人油然而生崇敬之情。

我注意到了祭坛左侧柱子上的一颗小小的金属纽。它就是工程师们进行测量、比较教堂地面高度的基准点，并依此决定到底需要将教堂移动多少。选定的轴心点（不能再下沉的点）位于西南角，因为这里下沉得最多。金属纽位于教堂的北端，需要下沉好几米。我对此惊讶不已，更让我吃惊的是奥凡多-雪莱博士描述的做法。不知道你有没有看过科幻大片《世界末日》（Armageddon）。影片中布鲁斯·威利斯（Bruce Willis）和他的团队在行星上钻了一个孔，在里面放满炸药，防止它与地球相撞。

大教堂的工程师使用的方法跟电影中一样难以想象，甚至更难以达成：他们挖出教堂下方一部分土，再将地基压实。挖出建筑底部的土以加固建筑的做法听起来与直觉相悖。但是对于不同寻常的土地情况，就需要不同寻常的工程技术。

我之前说过，土壤不仅仅是土，我们需要了解它的历史，才能预测它的未来。奥凡多-雪莱博士和团队对整个场地的土壤进行了一系列测试，以确定每一块土壤的确切强度和密实度。将这些数据录入电脑模型中，便可以画出一张三维地图，上面波浪状互有重叠的颜色层显示的是不同深度土壤的强度和类型。模型还模拟了所有历史事件以及它们对土壤的影响——从阿兹特克建造神庙到西班牙人建造大教堂，包括水位的变化等——最终形成了土壤的全面信息。

工程师们接下来埋了32个圆柱形的竖井通道。通道直径3.4米，深14米到25米不等，穿过原来大教堂的砌筑筏打入地下。这些通道耗费了巨大的人工（在有限的空间里使用地钻不仅很困难也很危险）。每下挖一阶段，就用混凝土在通道内浇筑一圈，形成混凝土管将土壤稳定住。通道完工后，在管内浇筑第二层混凝土，防止混凝土管由于自身重量崩塌。在每个通道的底部，工程师都放入了四口小型井，用于抽出多余的地下水，防止水位上升淹没通道（图8.6）。

但这些竖井通道还不足以拯救教堂。它们只是为挖出土提供了空间。接着还要再打大约1 500个洞，比水平面稍稍倾斜，直径大约一拳，长6米至22米不等，从这些洞里再挖出土。在

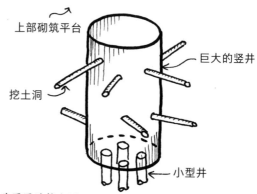

图 8.6　巨大的竖井周围的挖土洞。

土被挖出后，这些洞会随着时间推移自然填平，使教堂的地基恢复稳定。

由于教堂的北端最高，需要下降得最多，因此在这里挖出的土也最多，而从西南角挖出的土就很少。东北角的竖井通道中挖出了 300 多立方米的土，而西南角只挖出了 11 立方米。历史悠久的大教堂下这一庞大的竖井和隧道网，进行了近 150 万次挖土作业，4 220 立方米的土从建筑底部被挖出——足够填满一个半奥运会规格的游泳池。

正如你可能想到的，土壤工程进行得十分小心谨慎，按部就班，慢工出细活（花了四年半）。这段时间里，施工方对教堂的地面角度进行了严格监测，以保证移动在工程师设定的范围之内。教堂内的拱券和柱子都加了钢条支撑，防止突然大幅度的移动对其造成破坏。与此同时，不断挖出的土壤也被制成样品进行硬度和含水量检测，并与电脑模型中的数据比较，保证预测与实际数据相符。

东北角与西南角之间的地面高差曾超过 2 米。1998 年，北端下降了刚超过 1 米后，工程就暂停了。地基的平面还是微微倾斜，但工程师担心继续施工会损害建筑。塔楼的倾斜程度减小到了安全范围内——于是至少现在，工程可以告一段落。

巨大的圆柱形竖井通道依然开放。现在它们被地下水填满。但如果未来需要再次使用——如果教堂再次开始倾斜——可以将水抽出，继续挖出更多的土。就目前来看，教堂的安稳全靠土壤的保佑，但能保佑多久还需要持续监测。

教堂 4 处重要地点放置了 4 个装在玻璃盒中的摆，会向意大利的实验室发送无线数据，让工程师监测建筑的情况。还有压力板监测柱子承受的压力，保证变化不会过大。负荷的改变可能表示建筑又开始倾斜，导致柱子受力不均。奥凡多-雪莱博士将教堂形容为一个实验室，在那里他已经收集了近 20 年的数据。这里既是宗教圣地，也是科学的殿堂。

从 20 世纪 90 年代起，教堂以每年 60 毫米至 80 毫米的速度下沉，与过去相比更慢、更稳定，最重要的是，更均匀。未来教堂还会继续下降，但下降速度可能会越来越慢。这位工程师中的印第安纳·琼斯保住了历史遗迹，成功完成任务。墨西哥主教座堂没有迎来电影中的"世界末日"。

工程师团队突破性的工作成了全世界研究的课题。1999 年，他们与意大利工程师合作，将这一方式应用于比萨斜塔。墨西哥城的工程师面临着极端的情形——不可避免的劣质土壤、土壤的变化性和教堂巨大的规模。但他们应对挑战带来的成果为今天的我们积攒了丰富的经验，未来的工程师也可以应用，特别是那些努力保护历史遗迹的工程师，以及那些随着人口增多和气候变化，需要不断在更恶劣的环境中建造的工程师们。

工程游览结束，我与奥凡多-雪莱博士离开教堂，找吃饭的地方。我们穿过索卡洛广场（Zocalo Square），广场周边的建筑同样设计繁复，雕刻精美，不均匀沉降。奥凡多-雪莱博士非常耐心地在一旁等待我不断停下脚步，拍下从长方形变成平行四边形的门框。

在俯瞰索卡洛广场的露台上，服务生给我们端上了冰玛格丽塔酒。"土地从不居功自傲，"奥凡多-雪莱博士说，并敲了一下我的杯子，"岩土工程师也是如此。"他放声大笑。但对我来说，他功勋卓著。他不仅与整个工程师团队一起，让美洲最大的教堂不至于倾颓，午饭还请我吃了墨西哥鸡肉。

9
空　洞

　　一般来说，家是各种东西的杂物间——我们收集物品，组装它们，让一切从无到有。但有一个地方，目之所及都是长着杂草的台阶，房屋建造的方式也刚好相反，这里没有物品——一切从有到无。

　　我当然对这个地方很好奇，这也是为什么有一天我身在此处。周围一片黑暗，我弯着身，伸着脖子，睁大眼睛，想要看清楚我究竟在哪。我知道我在深深的地下：我下了几百级台阶，石阶蜿蜒向下，奇陡无比。我经过了古代的起居室、厨房——还有死亡陷阱——才到达这里。

　　我感觉自己身在像棺材一样狭窄的通道里，必须蜷缩双肩，底部刚好放下我的双脚，我甚至不知道空间够不够我转身往回走到出口。我可以看到面前潮湿的白色石块，但我手机射出的手电筒光线无法穿透无边的黑暗。我小心翼翼地沿着通道向前走，注意不撞头。似乎过了很久（虽然可能只有几分钟），我出现在一个有光亮的小山洞里。我长舒了一口气，又随即看到地面上挖出的长方形的坑——这里曾经放着那些没有发现出路的人的尸体。

　　我身处的地方是德林库尤（Derinkuyu），位于今天土耳其安纳托利亚中部，这里是神秘而拥挤的地下城市中最深、最大的一个。这些地下城之所以能够建成，是由于这一地区有三座火山——埃尔吉耶斯（Erciyes）、哈桑（Hasan）和梅兰迪兹达格拉里（Melendiz Daglari）。3 000 万年前，火山猛烈喷发，使这一区域覆盖了 10 米厚的火山灰，上面熔岩流动，使火山灰变结实变硬，成为凝灰岩。当地气候多雨，气温变化大，春天融化的雪渐渐侵蚀了较软的凝灰岩，只留下一根根石柱。凝灰岩上部更硬的熔岩层受侵蚀速度更慢，形成了巨大的熔岩石，摇摇欲坠地立在细长的火山灰柱上，形状像蘑菇一样，有一种超现实的感觉。当地人称其为"童话烟囱"（图 9.1）。而这奇特的景观只是地下更奇特景观的预告。

图 9.1　更硬的熔岩石摇摇欲坠地立在细长的火山灰柱上，"童话烟囱"得名于此。©De Agostini / L. Romano

地理上，安纳托利亚位于东西方交界处。它在动荡的历史中一直是各个文明争夺的战场。赫梯人（Hittite）在公元前 1600 年占领了这一区域，之后是古罗马人、拜占庭人和奥斯曼人。持续的战争意味着当地人一直备受威胁。赫梯人发现他们脚下厚厚的火山灰层比较软，可以用锤子和凿子雕刻。于是他们开始建造地下山洞和隧道，地面上发生战争时就在地下藏身。赫梯人之后的文明不断发展地洞系统，最后形成了一个足够 4 000 人生活数月的地下城市。在近 3 000 年的时间里，这一地区建造了上百座地下城。其中大多数都很小，但有大约 36 处至少两三层。

我在德林库尤看到的地洞系统，其地下空间的建造很像蚁穴：房屋并非像我们住的房子一样彼此相叠，因为这样会使火山岩变脆弱而倒塌。相反，这些房屋在地下空间中随机挖出，分布在很大的区域里。房屋和通道上方拱起的穹顶使石头处于压力中，并且保持稳定，支撑上方的地面不会塌陷。无数通风口从地面延伸到地下 80 米，带进新鲜的空气。这些地下城的设计是为了防止敌人入侵——有巨大的滚动石门阻挡敌人，还有深井让他们跌落，门后还有小房间可以藏身以伏击敌人。居民甚至建造了长达 8 公里的狭窄隧道，与相邻的城市相连，以防敌人攻破所有防线。

我庆幸自己不需要在德林库尤待上数月，担惊受怕。但细想起来，我在地下度过的时间其实很长。从我工作开始算起，我生命中有五个月都在伦敦的地下度过，乘坐地铁上下班，与其他上百万人一起像沙丁鱼一样挤进车厢。这种拥挤提醒着我，在我居住的城市中，空间是稀缺的。马路上无法容纳房屋、办公楼、人行道、火车、有轨电车、汽车和自行车——更别说水管、下水道、电线和网线了。但又为什么需要如此呢？我们毕竟生活在三维空间里，应该充分利用空间，向上建造的同时向下建造，而不是将一切摊成一片。我们脚下的城市也充满了隐藏的工程，但这些管道没有最简单的隧道也不可能建成。伦敦和其他许多大城市一样空间不足，而隧道提供了解决方案。

*

19世纪早期，伦敦整个城市唯一可以过河的地方就是伦敦桥——这对泰晤士河两岸迅速蔓延的城市来说造成了巨大的不便。在纷乱的城市中找对路线、过桥时漫长的等待、拥挤的大桥上危险而备受折磨的旅程、通行费，都让人郁闷。1805年成立的一家公司试图将沃平（Wapping）的码头与罗瑟希德（Rotherhithe）的工厂直接相连来解决这一问题。

虽然这两地之间的河面宽度不过365米，但这一距离足以让建造大桥不切实际——这就意味着从一地到另一地，人和货物只能通过伦敦桥走漫长的6.5千米。此外，在码头和工厂之间架桥会阻碍较高的船只通向上游，对城市繁荣的商贸会造成巨大影响。剩下唯一的解决方案就是在水下建造通道。问题是运河工匠，以及理查德·特里维西克（Richard Trevithick）等采矿专家，还有其他发明家已经尝试了建造隧道，但都没有取得成功。新公司在河里建造隧道的努力也没有成功，直到一个工程师受到船蛆启发，想出了解决方案。

　　马克·布鲁内尔（Marc Brunel），1769 年生于法国诺曼底。作为家中次子，父母希望他成为一位牧师。但与经文相比，他对绘画和数学更感兴趣。随后他加入了海军，1793 年法国大革命期间他逃离法国，来到了美国，最终成了纽约市的首席工程师。1799 年他来到伦敦，试图说服海军部购买他发明的生产滑轮组的新系统。他为军队的多个项目效力，发明了大规模生产军靴的装置，还在查塔姆（Chatham）和伍利奇（Woolwich）造船厂开发了锯木机器。但他得到泰晤士隧道公司（Thames Tunnel Company）的注意（积极地游说公司老板后），还是因为他发明的隧道机器。

　　布鲁内尔口袋中装着放大镜，在查塔姆造船厂工作时，他拿起一块从战舰船身上取下的损坏的木块，仔细观察船蛆（*Teredo navalis*）。这种虫子头顶有两只像刀锋一样锐利的贝壳状的"角"，移动时不断扭动旋转两只角，经过的木头都成了木屑。船蛆吃掉木屑，清空道路，便可以前进几毫米。木屑经过虫子的消化系统，在身体中与酶和其他化学物质混合后排出，在身后留下一道细细的痕迹。排泄物暴露在孔道中的空气中后，就会变硬，加固孔道。于是虫子有条不紊地不断向前，吃掉木头的同时在身后留下一条坚固的路线。

　　布鲁内尔很了解之前在水下建隧道的尝试过程，并以他的天赋想出了新的方案。他意识到可以改进刚刚观察到的过程，在别人都失败的地方取得成功。他要建造自己的"船蛆"：一台可以向前挖掘隧道，同时向后填补隧道的机器。这只"虫子"将身披铁甲，并且体积巨大。

布鲁内尔设想的机器有两个大刀片，就像船蛆一样——但是有两个人那么高。刀片安装在铁管的一端（看起来像夏天用的风扇，只不过没有外面的罩子）。一队工人推动刀片切割土壤。液压千斤顶则将铁管向前推。切下的土被人工运往后方，就像船蛆排泄出木屑一样。砖工会用速干灰浆砌一圈砖支撑，在刀片后建造通道，就像船蛆的排泄物填充身后的孔道一样。这一过程——旋转刀片，挖出土壤，砌筑砖道——不断重复，就慢慢形成了一条坚固的隧道（图 9.2）。

图 9.2　布鲁内尔的"船蛆"。

设计好了机械船蛆后，布鲁内尔需要找到合适的挖掘材料。显然，一些材料比另一些更容易挖掘。以干燥的沙子为例。将一个圆筒里装满沙子，试着挖出一个半球形，你会发现几乎做不到，因为沙子会陷到刚刚挖出的空间中。但如果用非常湿的沙子，沙子中的水就会渗出填满挖出的空间。伦敦坐落在有 5 000 万年历史的黏土上。如果表面土壤之下的黏土非常紧实，且含水量不多，就是很稳定的基础，在工程师看来就很适合施工，因为很容易切开，同时也不会塌陷。将这种坚实而含水量不高的优质黏土装入圆筒中，取出一半，就能够挖出一个半圆形。此外，伦敦的黏土性质差异巨大：可能含沙量高，可能不结实，可能含水量高，也可能质地不均匀。布鲁内尔的发明若要成功，他必须找到合适的黏土。

他找了两个土木工程师细致检测土壤的成分。他们乘船考察，将直径 50 毫米的铁管插进河床中再抽出，然后检测抽取的物质，分辨其中不同的土壤以及每一层的厚度。经过几个月的调研，他们向布鲁内尔提交了报告，布鲁内尔得出结论，地基足以支撑他的设计顺利运行。但在启动"机器虫子"之前，他首先需要在地下挖出深洞。

1825 年 3 月 2 日，罗瑟希德圣玛丽教堂的钟声长鸣，人们成群结队地来到考科特（Cow Court），等待着目睹不同寻常的场面。场地中央是一座直径 15 米、重达 25 吨的巨大铁环。伴随着铜管乐队的伴奏，衣着光鲜的绅士淑女们也来了，看起来与伦敦这一片污秽的地方格格不入。在人群的欢呼声中，马克·布鲁内尔与他全家一起到达。他用一只银铲在铁环上砌下第一块砖。他的儿子伊桑巴德（Isambard）砌下了第二块。接着是演讲和酒席，以向艺术与科学致敬，庆祝泰晤士隧道动工。但人们不知道在接下来的几个月里，科学将面临多么大的挑战。

人们看到的铁环好比饼干模具较锋利的一侧。铁环顶部是将近 13 米高的圆柱体砖井，井身由两层砖砌成，中间层是水泥和碎石。砖井顶上有另一个铁环，与底部的铁环以铁索相连，铁索

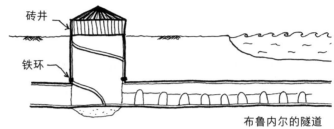

图 9.3 伦敦泰晤士河下建造隧道。

则夹在两层砖墙之间。结构重达 1 000 吨，顶部连接蒸汽发动机，抽出河水和多余的土壤。

使用饼干模具时，我们会用力将模具按入面团中。但布鲁内尔的想法是让他的砖模具在自重的作用下自动沉入土中——结构非常重，自然会很容易在软土中下陷。砖井有条不紊地每天下陷几厘米，与此同时，挖土工人便从圆柱体中将土挖出，就像从模具中取出面团一样。

砖井被卡住过一次，但最终到达终点。为了建造地基，工人们又从底部的铁环向下挖了 6 米。在这里，砖匠们在竖井的三面和地面上砌砖，留出一面不砌。这一面就是布鲁内尔的"虫子"开始挖隧道的地方。

工程进行期间布鲁内尔意识到，船蛆能够轻易转动角，但人没有足够的力量转动挖隧道机器的刀片。他不知道如何连上蒸汽发动机提供动力，于是他想出了新的方法。他的解决方案是将机器分解成小块——一共分了 36 份——每个人负责一块。他将这个巨大机器命名为"盾牌"（The Shield）（图 9.4）。

图 9.4　使用"盾牌"，布鲁内尔和他的工人们用这个巨大的机器在地下挖掘。本图来自维基百科。

　　机器有 12 个铁框架，各高 6.5 米，宽 0.91 米，深 1.8 米。每个框架又被分为 3 个"隔间"，依次叠放。12 个框架排成一排，形成 36 个隔间的格架，每个隔间里有一名工人，这些工人就负责运行"盾牌"。隔间中的工人两侧是一组铁杆，从底到顶以一定间隔排列。这些铁杆将大约 15 块木板一块叠一块地固定在工人正前方，并支撑住"盾牌"前方的地面。

　　相隔的铁框架（比如第 1、3、5、7、9、11 号框架）中的工人同时工作。他们的任务是把固定木板的两根铁杆拉开，移开一块木板，然后挖出木板后刚好 4.5 英寸（约 11.43 厘米）深的土，再把木板按进这个新挖出的凹槽中。再将铁杆复位，固定木板。然后将下一块木板取下，重复整个过程，直到所有 18 个隔间中的所有木板都固定在新的位置上。工人们将前方的土挖出，"盾牌"后部的千斤顶就会将他们的隔间向前推 4.5 英寸。

这时，单数的框架会比双数的框架要多前进 4.5 英寸。接着就轮到双数框架内的工人进行调整铁杆、取下木板、挖土、重新放回木板的过程了。他们完成后，双数框架也会前进。整个机器前进 4.5 英寸的距离，刚好就是砌一层砖所需的距离。

在"盾牌"后又是另一番繁忙的景象。"壮工"［navvy，即建造运河、公路、铁路的工人，来源于"领航员"（navigator）一词］用手推车运走挖出的土。砖匠站在木板上，小心翼翼地在"盾牌"前进后留下的 4.5 英寸空隙中砌砖。他们使用的是纯罗马混凝土，干燥得很快且十分坚固——坚固到布鲁内尔测试时，将一块砖从高处摔下，砖竟没有碎。他甚至让工人用锤子和凿子敲打，砖碎了但混凝土依然完好。于是布鲁内尔决定在整个隧道中都使用这种混凝土，不计成本（前面说过制造纯水泥粉需要大量的能量，可以通过加入混合物减少所需的能量）。

我试图想象工人在隧道里工作会是什么样。进入工地之前我必须通过考试、进行健康和安全培训，并穿上防护服。我工作时可以随意走动，从不担心可能因此丧命。维多利亚时期隧道中的情况则完全不同：工人的汗味、油烟和煤气使得人呼吸十分困难——工人们在出隧道时鼻孔上常常留下一圈黑色的附着物。土壤中所含的可燃性气体会突然释放，如果气体附近有灯火，很可能会失火并引起爆炸。空气潮湿，温差高达 30 摄氏度，温度变化有时仅发生在几小时内。环境中还充满噪音——砖匠喊着要更多

的砖，铁杆叮当作响，木板撞击之声，还有钉靴的回声充满整个
隧道。布鲁内尔自己就由于过度劳累而病倒，唯一的治疗方式是
在脑门上放水蛭吸血。

布鲁内尔的儿子伊桑巴德当时只有二十出头，是项目不可或
缺的主要工程师，整日在工地上奔波。[布鲁内尔的大女儿索菲亚
被实业家阿姆斯特朗勋爵（Lord Armstrong）戏称为"穿衬裙的布
鲁内尔"。马克·布鲁内尔不因循守旧，教授女儿工程学。索菲亚
还是孩子时就比弟弟在数学、科学还有工程学方面显示出更强的
能力，但她不幸生在一个女性并无太多职业选择的时代。她是前
所未有的杰出工程师。]伊桑巴德和他的父亲一样经常生病。更糟
糕的是，土壤意外地不断劣化，资金也快用完了。工程一度停工，
隧道用砖封闭，"盾牌"也被封在了里面。布鲁内尔花了6年时间
说服财政部继续为项目投资。但公司主管干预布鲁内尔的方法，
不同意他购买工人的安全设备，并不顾风险向他施压，让项目进
展更快。但最大的问题还是进水。布鲁内尔希望的"优质"黏土
并非地质均匀，有时几乎没有，特别是在河床下方。

泰晤士河实际上是一个巨大的下水道，伦敦所有的垃圾（以
及城市里大部分动物尸体）都被扔到河里。河底的土含水量高且
非常劣质，而隧道只在河床几英尺之下，正是这些劣质土所在的
位置。随着"盾牌"向前推进，挖掘时经常会有超出预计的土塌
陷。"盾牌"和隧道砖墙之间的缝隙还会在河床中形成薄弱环节，
如果这里的土质特别差，就会塌陷，造成河水大量灌入隧道。

第一次发生这种情况时，伊桑巴德联系东印度公司，借了一

座潜水钟（可以容纳几个人的潜水箱）解决了这一问题。他在潜水钟里潜入水底找到了漏水点，在裂缝周围插了一圈铁杆，再在上面倒了数袋黏土，将缝隙堵上。隧道中的水被抽出后，工程得以重新开工（图 9.5）。

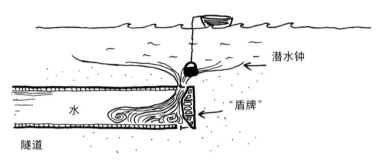

图 9.5　隧道进水时使用潜水钟堵住裂缝。

　　但这只是让数人丧生的四次进水事故中的一次。伊桑巴德自己也差点淹死，还经历了一次（但并非最后一次）大出血，并被迫离开工地，休养数月。

　　虽然困难重重，1843 年，经过 19 年的艰苦施工，隧道终于完工。行人付费进入竖井，沿螺旋台阶逐级而下，来到令人震撼的竣工隧道中。中心一排柱子支撑着巨大的石拱顶。煤气灯照亮着通道，还有一台由蒸汽驱动的意大利管风琴演奏音乐。砖墙的凹室里，小贩们叫卖着饮料和纪念品。1852 年在这里举办了第一届泰晤士隧道博览会（Thames Tunnel Fancy Fair），有艺术家、喷火表演者、印度舞者和中国歌手参加。

　　但仅在 10 年之后，随着铁路进入日常生活，隧道就渐渐被废弃了。人们很少选择这个潮湿的地下空间通行，而是选择乘坐光鲜的火车。于是隧道开始变得荒凉破败，成了醉汉出没之地。1865 年东伦敦铁路公司（East London Railway Company）接管隧道。1869 年隧道装上了铁轨，蒸汽火车开始在其中穿梭。今天，伦敦地上铁（London Overground）从中通过。布鲁内尔巧妙设计的罗瑟希德竖井最近也向公众开放，成了热门的旅游地点。进入敦实的圆塔，仿佛置身于洞穴状的地宫，有螺旋台阶的遗迹，墙上斑驳不堪，穿插着神秘的黑色管道。举办音乐会和歌剧表演的话，这一背景营造出的氛围再合适不过了。

泰晤士隧道花了近 20 年建造，完工 20 年后又很快被废弃，似乎算不上是成功的项目。但正是由于马克·布鲁内尔在工程上的奇思妙想，我们打开了城市地面之下的世界。伦敦地铁——世界上第一个地铁系统——因马克·布鲁内尔和伊桑巴德·布鲁内尔而成为可能，他们告诉我们如何在流动的土壤中建造工程。

*

建造横贯铁路（Crossrail，伦敦新地铁线）的工程师们在挖隧道时，使用的是马克·布鲁内尔设想的现代版本。布鲁内尔的设想因无法提供足够的动力转动刀片而失败，但现在我们可以用电轻松解决这一问题。我们用隧道掘进机（tunnel boring machine）代替了人力"掘进"。

横贯铁路的每一台掘进机——被形容为"有轮子的巨型地下工厂"——有 14 辆伦敦巴士首尾相接那么长。前端有一个巨大的圆形可旋转切片，挖出前方的土。一个非常精密的顶举系统推动机器向前。传送带将挖出的土运送到掘进机后方，运出隧道。激光引导系统保证隧道位置正确。在掘进机后方，一系列像胳膊一样的复杂装置将混凝土（也可以用钢）砌成环状，形成隧道内壁。

隧道施工有一个可爱的传统，要求在工程开工之前必须以女性的名字命名掘进机。横贯铁路发起了一个比赛，为掘进机两两一组命名，每组从同一起点同时向相反的方向工作。一组掘进机以伟大的铁路时代女王维多利亚和伊丽莎白为名。另一组以奥林匹克运动员杰西卡（Jessica）和艾莉（Ellie）为名。还有一组以写出了第一个计算机程序和设计了备受喜爱的伦敦 A—Z 地图的女性艾达（Ada）和菲利斯（Phyllis）为名。也许最恰如其分的是最后两台掘进机，玛丽（Mary）和索菲亚（Sophia），她们分别是伟大的隧道工程师伊桑巴德·布鲁内尔和马克·布鲁内尔两人的妻子。

10
纯　净

　　我看到游客在建筑前拍照留念时都会很兴奋，因为这说明他们热爱工程学——虽然他们自己可能意识不到。他们能够欣赏并感受设计中蕴含的野心和想象力——人们精心挑选弯曲的顶棚、巨大的剪影和独具特色的立面，把它们作为富有冲击力的背景，用手机和自拍杆拍下照片，放入相框，定格这一刻。建筑的表现力是工程学浪漫的一面，并且作用不容低估。但工程学更多时候是对实际问题的回应，像土壤、材料或者力学定律这类不那么让人兴奋的东西。建筑或桥梁也许看起来非常宏伟，但其实塑造它们的材料可能并不那么美。

　　水是最重要的考虑因素之一，它是人类最基本的需求，三天没有水人就无法生存。我设计的结构只是骨架，没有水，它们只是无法居住的框架。我与其他工程师（机械、电器、公共健康领域的专家）一起为骨架提供血肉，支撑起建筑的循环系统：建造穿过建筑的通道，确保地基、核心筒和地板能够支撑起泵和管道的重量。只有水的通道建好了，建筑才能供人生活。

虽然我们的星球由于含有大量的水而被称为"蓝色星球"，但覆盖着地球大部分面积的闪闪发光的海水却无法饮用。人类的生存需要容易获得的淡水，而我们拥有的淡水其实并不多。如果以一块足球场的面积代表星球上所有的水的话，地球上所有的淡水资源只相当于沙发上的一块坐垫，地表水只够装满茶杯的杯托。

找寻水源很困难——这也是为什么许多古镇都建在河岸边。但随着村镇发展为城市，平原变为辽阔的稻田，人类居住地离水源越来越远，运送水便成了挑战。于是古代人发明出了极有想象力的方法去找寻并运送淡水。即使在今天，工程师也在努力解决这一技术难题。在世界上的一些地方，这仍是一个难以跨越的障碍。

＊

与同时期的许多民族一样，波斯人的祖先们也曾努力寻找水源。伊朗中部广袤的高原干燥荒芜，降水极少，每年不到 300 毫米。坐飞机飞过这个国家的上空，下方是漫无边际的沙漠，在强烈的阳光下几乎呈白色。但偶尔在小村镇旁边，甚至在看上去似乎无法居住的沙漠地块中，你会发现一些小"洞"。从高空看上去有点像孟买海滩上的螃蟹洞，我就是在那里长大的。（我曾经坐在沙滩上盯着这些洞看了许久，等待这些横行的生物出现。）这些洞整齐地排列成一条线，实际上非常巨大。好在它们并不是巨型螃蟹的作品，而是人类在过去 2 700 年里挖掘而成的水井。历史上它们是生活在这里的人们不可或缺的东西。

这些洞在波斯语中叫作"卡里兹"(*kariz*，阿拉伯语里的*qanat*)，是古代波斯人从地下取出生命之源(淡水)的系统。

让我们穿越到 2 500 年前的沙漠中，看看这个系统是如何建造的。挖井人(*muqanni*)站在山丘或斜坡上找寻水源的迹象——扇形下沉的地面，或者植被的变化。在可能有水的地点，挖井人用锹挖出直径半米多的圆柱形井，并使用绞盘上下运送装满土的皮筒。在耀眼的阳光下，挖井人反复向下挖，希望可以看到潮湿的土壤——这可能标志着快要挖到地下水了。有时挖井人会一直挖到已经无法再挖，却一无所获。有时则会在非常深的 200 多米的地下找到水。幸运的时候，也可能只挖 20 米就看到湿润的土壤。

但这只是挖井人工作的开始：很有可能他找到的不过是少量的水，很快就会枯竭。他需要保证发现的水源是充足的。因此他会将桶留在竖井里，并在接下来的几天每天早上检查能否收集到水，以及收集到的水量。如果他每天醒来都发现有满满一桶，那么他就找到了金子般的——应该说比金子还珍贵的蓄水层(即可渗透的含水岩层)。接着，他与其他挖井人便会在山坡上沿着直线一个接一个地打井。

挖井人用铅锤测量深度，逐口增加井的深度。挖一排井也许看起来很奇怪，但这正是挖井人的聪明之处：村庄有 2 万人，爬上山打水再背回村里非常辛苦。当然，世界上很多地方的人都是如此生活的，但挖井人利用这里的丘陵地形和土壤种类，可以让村民的生活更方便。

井挖完后，工人们在第一口井底部挖出隧道，与下一口井相通，形成一个约 1 米宽、1.5 米高的通道，大小刚好足够人们通过，以便进行下一阶段的挖掘。

隧道稍稍倾斜，将井底串连起来，便可以把水运送出山。隧道倾斜的角度很重要：太陡的话水流会太快太急，侵蚀土壤，导致结构塌陷。反之如果太平，水就流不出来，淤滞在隧道内。

挖井人会在隧道口放一盏点亮的油灯，一边向山里挖掘，一边看着火光，这样他们就知道自己挖掘的线路是否笔直。地下可能会释放出有毒气体使人窒息，因此油灯不仅是信号灯，也是警示灯：如果火焰稳定明亮，就说明周边氧气充足；如果火焰颜色改变或者熄灭，就说明周边有其他气体。还有其他的危险，如疏松或结块的土壤可能导致隧道塌陷，因此在需要的地方，挖井人会用烧过的黏土制成环加固隧道。黏土环由两个拱券相接：疏松的土壤压在环上，产生压力。黏土受压性能好，因此可以加固隧道、防止塌陷。

最后的危险出现在工人们到达"头井"（即第一口井，井底在含水层上方）时。他们挖开含水层时必须格外小心，否则水源会喷出，将他们淹没。安全地进行这一系列工序依靠的是挖井人代代相传的经验：今天用来挖地井的技术与古时候相比也没有太大改变。

水道的长度从 1 千米到 40 多千米不等，有一些能持续供水，另一些则是季节性的。为了维护系统，挖井人会挖一些额外的井，并使用绞盘和升降桶运出井中不时堆积的淤泥和碎石。只要定时维护，就可以持续使用。

　　据说伊朗有超过 35 000 个地井——成千上万个地下水道网络都由人工挖掘而成，并且仍在为人们提供重要的水源。戈纳巴德（Gonabad）城中有着伊朗最大、最著名的地井，有 2 700 多年的历史和 45 千米长的水道，为 40 000 人供水。主井的深度超过了伦敦碎片大厦的高度（图 10.1）。

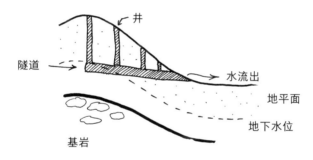

图 10.1　巧妙的地井。

*

　　向下挖到含水层只是古代人为城市中的居民供水的一种方式。但就水源来说，各个时期的文明所处的地理环境和使用的工具都不尽相同，因此发明的解决方法也各有千秋，其中一些一直沿用至今。公元前 8 世纪末，为亚述（Assyria）的都城尼尼微（Nineveh）提供水源的两条运河已经不足以满足繁荣人口的需求了。亚述王辛那赫里布（King Sennacherib，公元前 705—公元前 681 年在位）曾以他的工程才能挖出一条流经巴比伦的运河，这条河经过巴比伦，淹没并摧毁了这座城市。现在他被迫寻找其他水源引入尼尼微。他从 50 千米以外的艾特鲁什河（Atrush）河岸开始，在那里建造运河通向特比图河（Tebitu）的源头增加其水量。这条河已有的大坝便形成水库，为尼尼微供水。多余的水通过两条已有的运河流入他的都城中，进一步增加水量。

但有一个问题：亚述王新建的水道要想从特比图河通到尼尼微的运河，必须经过一座小山谷，没有水泵就无法将水运过长长的斜坡。但亚述王没有退缩，他想出了可以将水抽过山谷的装置——高架渠（aqueduct）。古罗马人是公认的一流的高架渠工程师，但亚述王的装置比他们还早了几百年，是世界上最早的高架渠。现在还可以在伊拉克北部的杰尔万（Jerwan）看到它的遗迹。

严格来说，高架渠一词可以指任何把水从一地运往另一地的装置：可以是运河、桥、隧道、虹吸管（一种压力管），或者它们的组合。尼尼微高架渠是亚述王最伟大的创造。他是一位伟大的建造者，不仅建造了尼尼微的大部分公共建筑，包括传说中的"无与伦比的宫殿"（Palace Without Rival），据说还建造了巴比伦空中花园。建造高架渠使用了 200 多万块石头，每块宽约半米。建成后有 27 米长、15 米宽，尖顶叠涩拱（由砖块层层堆叠内收而支撑起的拱，图 10.2）高度超过 9 米。水流通过桥上的水道穿过山谷。水道内层还抹了一层混凝土，防止水渗出。

令人难以置信的是，在公元前 690 年，新运河与高架渠仅用了 16 个月就完工了。结构快竣工时，亚述王让两位牧师在运河上游进行宗教仪式。但在仪式预定的开始时间之前，挡住水的闸门

压力向下
而不是向
两侧传导

图 10.2 叠涩拱。

突然开了，水涌入运河。工程师和牧师不知道亚述王会做何反应
而心惊胆战。但亚述王认为这是一个吉兆，是神明们也等不及想
看到他的伟大作品完成才开闸放水的。他亲自到运河上游检查破
损情况，进行维修，然后赏赐给工程师和工匠颜色鲜艳的衣服、
金戒指和匕首。

*

　　找寻水源和运送水是工程师面临的两大难题。但这两个问
题解决后，还需要知道如何使用水，也就带来了第三个同样困
难的挑战：如何储存水以备不时之需。古罗马人高架渠工程的
复杂程度前所未见，他们储存水的方式也同样充满野心，一个例
子就是位于土耳其伊斯坦布尔中心的地下水宫（Basilica Cistern，
图 10.3）。

图 10.3　伊斯坦布尔地下水宫。©exaklaus-photos

　　蓄水池并不是古罗马人发明的，至少在公元前 4 000 年前，黎凡特（Levant）地区（今天的叙利亚、约旦、以色列和黎巴嫩）的人就已经开始建造蓄水的装置。蓄水池看起来并不难建造，但实际上大型的蓄水池也称得上是工程奇观。例如伊斯坦布尔的地下水宫就有厚达 4 米的墙壁来抵御大量贮水时产生的巨大压力。为了避免渗水，古罗马人小心翼翼地以 10 至 20 毫米厚的石灰泥密封墙壁。水宫的天顶支撑着地面上的公共广场，因此必须足够坚固才能支撑起上部建筑、道路和行人的重量。

　　我去伊斯坦布尔时，温度高达令人窒息的 35 摄氏度，沿着古老的石阶来到水宫巨大的地下空间，凉意扑面而来，让我身心愉悦。射灯发出橘红色的光，看不见的音响中播放着令人平静的音乐。我踏上刚刚建成的供游人游览的木栈道，下方是一池几英尺深的清澈的水，里面幽灵般的灰色鲤鱼静静游荡。我站着凝视它们，突然有水珠掉落在我头上、手臂上，让我一惊。

我抬起头，看到的是美轮美奂的天顶，由红色古罗马砖构成，砖是平砖，砖缝间有厚厚的灰泥。巨大的拱券横亘在无数柱子上形成格网。拱券之间是四分穹顶（由四个肋拱分隔而成的穹顶，图 10.4）。这一令人惊叹的结构由 12 排 28 根高 9 米的柱子支撑，全部由大理石制成，排成网格状。柱头形式各异——有些是经典的古希腊和古罗马柱式；有一些没有装饰，是从神庙或其他废弃建筑中回收的；有一些柱子年久开裂，用黑色的铁片钉起；有一对的柱底雕刻着古希腊蛇怪美杜莎，毒蛇头发卷曲在她的脸边，令人害怕。据说她的凝视会把人立刻变成石头。但在这里，其中一根美杜莎的雕刻上下颠倒，另一根则侧放着——随意的摆放似乎削弱了她凝视的致命力量。一根被称为"孔雀柱"的柱子上刻着神秘的圆形与条形图案，它们代表着母亲充满泪水的双眼。

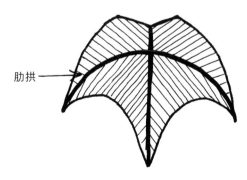

肋拱

图 10.4 四分穹顶。

显然，这根柱子是在向上百名建造水宫时死去的工匠致敬。

地下水宫由查士丁尼大帝（Justinian）于公元 532 年修建，位于教堂拱廊（Stoa Basilica）的地下。教堂拱廊是当时君士坦丁堡（城市以君士坦丁大帝命名，他于公元 324 年将这座城市定为罗马帝国的都城）第一座山上最大的广场。水宫容量相当于 32 个奥运会标准游泳池，通过高架渠与马尔马拉（Marmara）附近的天然泉水相连蓄水。水宫服务于古罗马皇帝居住的宫殿，他们搬走后，水宫也废弃了。1545 年，研究拜占庭文物的学者佩特鲁斯·吉利乌斯（Petrus Gyllius）在与当地人闲聊时，连哄带骗地发现他们有一个秘密——他们可以将水桶从地下室的洞中降下，然后变魔术似的拉上来一桶清冽纯净的水。有时他们甚至会在水中发现游动的鱼。他们并不知道这是为什么、又是如何发生的——他们只是安于有干净水源（有时甚至有食物）的生活。在吉利乌斯到来之前，他们严守秘密。吉利乌斯意识到，他们的房屋一定建造在古罗马水宫之上。进行了一番勘测后，他便发现了水宫所在。

我非常高兴他发现了这里——这里有着戏剧般的神奇氛围，也激发了许多人的想象。1987 年维修完成向公众开放后，不仅有无数游客来这里参观，电影《来自俄罗斯的爱情》（*From Russia with Love*）的导演还来拍摄。在这里詹姆斯·邦德（James Bond）与克里姆·贝（Kerim Bey）身穿深灰色西装，在柱子之间暗中穿梭，准备监视俄罗斯大使馆。

*

很难想象，如地下水宫般巨大宏伟的建筑竟也会被人遗忘。
更难以置信的是，古罗马人对待水的态度是如此漫不经心。很多
历史学家认为，古罗马人靠收集雨水就已经足够生活，而高架渠
只是为了浴场和喷泉而建造。仅仅为了奢华与享乐就进行如此有
野心的工程创举，实在令人叹为观止，反观世界上很多地区，从
古至今水都十分稀缺，每一滴水都承载着工程师的天才创造。

2015 年我去了新加坡，住在我一个朋友的公寓里。公寓位于
一幢塔楼的 14 层，可以俯瞰城市，视野极佳。我向她确认自来水
是否可以直接饮用（当然如此），以及是否可以让我在长途旅行后
洗个热水澡。她提醒我不要浪费水，打肥皂时就关掉水龙头，并
且洗完关水后确认龙头没有滴水。

她节约水源、保护环境的努力给我留下了很深的印象，洗完
澡后我们的促膝长谈让我明白了其中的原因。她从小就被父母、
中小学和大学教育水资源很珍贵、不能浪费。这是由于新加坡没
有天然的含水层或淡水湖。一些河流建了堤坝蓄水，但整个国家
基本上没有天然水源。历史上，不论是在英国统治时期还是独立
后，为居民提供充足的水源都是持续的挑战。

新加坡最早的水源是溪流和井水。人口不过千人时，这些
水源绰绰有余。但 1819 年史丹福·莱佛士爵士（Sir Stamford
Raffles）将新加坡纳入大英帝国版图后，人口迅速增加。到 1860
年左右，岛上已经有 8 万多人，统治者便开始建造水库蓄水。

1927 年，新加坡与邻国马来西亚达成协议，租用马来西亚柔佛州
（Johor）的土地，将柔佛河中未净化的水导出使用。作为互惠协
议，新加坡也要将一部分处理过的水通过另一管道输送回马来西
亚。1942 年日本入侵并占领新加坡之后，管道被毁，剩下的水只
够使用两个星期。指挥官中将阿瑟·珀西瓦尔（Arthur Percival）
宣布"只要有水，我们就会抗争到底"——2 月 16 日他便被迫
投降。

　　日本人撤退后，当时的绝望处境依然在新加坡人脑海中留下
了深刻的记忆。之后新加坡又回到英国的统治之下，1963 年又成
了马来西亚联邦的一员。1965 年 8 月 9 日，新加坡终于获得独立，
水源的自给自足成了政府的首要任务。

　　1961 和 1962 年，马来西亚签署了两项向新加坡供水的协议，
其中一项已于 2011 年终止，另一项将于 2061 年到期。现代社会
对水高度依赖、消耗量大，因此这对新加坡来说是关键时期。依
赖于邻国提供如此重要的资源，也会影响到国家的自治权。设想
如果这一地区发生干旱，那么新加坡的命运就完全掌握在了另一
个国家的手中。因此对新加坡来说，水是关乎国家利益的大事，
其重要性不亚于医疗或情报。

　　新加坡正积极地通过工程解决这一困境。公共事业局
（Public Utilities Board）建立了一项名为"四个国家水龙头"
（Four National Taps）的战略，内容是国家将有效开发的四类水
源，使水供应达到高度自足。

　　第一个"国家水龙头"是雨水。新加坡的地理环境决定了其

每年有超过 2 米的降水量。为了有效收集雨水，工程师建造了雨水收集区来储存雨水，而不是让雨水白白流入海中。运河与盆地系统能够收集雨水并将其引入有堤坝的溪流或水库中储存。由于许多溪流已经被生活与生产废水污染，这一系统需要庞大的净水设施。公共事业局也着手将污染企业迁出，并颁布了防止水污染的法令。现在岛上三分之二的土地都用于收集储存雨水。一些溪流仍需修筑水坝，这些溪流多位于近海处，含盐量略高（不经过净化无法使用）。工程完工后，国土面积的 90% 都可以用于收集雨水，这也让新加坡成为世界上唯一一个收集并储存几乎所有雨水的国家。

第二个"国家水龙头"是来自马来西亚的水源。新加坡会在协议到期前继续向马来西亚进口水资源。第三个"国家水龙头"是回收水。虽然污水处理的做法早已出现——洛杉矶和加利福尼亚一些地区自 20 世纪 30 年代就开始这么做了——但还远远没有普及。

新加坡于 20 世纪 70 年代开始考虑污水处理的问题，但那时相应的技术非常昂贵且不稳定。最终技术进步使得这一想法变得可行。现在住房、餐馆和工厂排放的废水都可以在收集后使用最先进的生物膜技术通过三道工序层层净化。

第一道工序是微孔过滤（microfiltration）。用于过滤的是一种半渗透膜，通常由聚偏二氟乙烯等合成有机高分子材料制成，可以使特殊的原子或分子通过，而将另一些杂质阻挡在外，还可以过滤固体、细菌、病毒和原生生物胞囊。生物膜本质上就是一种微观的滤网，阻挡固体，让液体通过。过滤后的水中依然有溶解的盐分和有机分子，第二道过滤就用"逆向渗透"（reverse osmosis）来去除这些物质。

渗透作用是溶剂（可以溶解其他物质的东西——最常见的就是水）从溶质浓度较低的部分向浓度较高的部分运动，直至浓度均匀的过程。这是自然界中重要的现象——植物的根系从土壤中吸收水分，以及肾脏从血液中过滤出尿素，都是通过渗透作用（图 10.5）进行的。你可以用鸡蛋、醋和糖浆来实验并观察这一现象。首先将鸡蛋在醋中浸泡几天，将蛋壳中的钙溶解，形成半透膜。接着把鸡蛋放入糖浆中。接下来的几小时里，随着水透过膜渗出，鸡蛋的表面会出现皱纹，鸡蛋逐渐失水。将皱巴巴的鸡蛋再放到纯净水里，就会发生相反的过程，水会通过膜进入鸡蛋，又将鸡蛋撑得饱满。

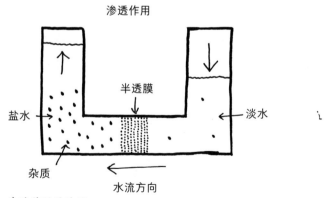

图 10.5　渗透作用的过程。

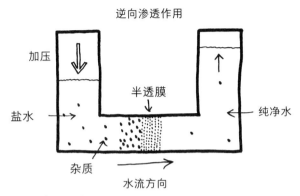

图 10.6　逆向渗透的过程。

渗透作用是自然发生的，纯净水会自然通过滤膜与盐水融合。但如果要制造更多的纯净水，就需要对盐水"施压"，使其通过薄膜，将盐、细菌和其他溶解物滤出。施加的压力需要大于自然渗透作用的压力，才能让水分子通过半透膜。这一过程就是"逆向渗透"（图 10.6）。

逆向渗透可以去除 99% 的溶解盐和其他杂质。虽然经过这一道处理的水质量已经很高，但仍有可能含有一些细菌和原生生物。保险起见，还需要通过紫外线杀死水中残留的微生物，之后就可以供人使用了。

经过多年试验，2003 年新加坡开始供应被称为"新生水"（NEWater）的再处理水。在新加坡 37 周年国庆游行时，时任总理吴作栋和新加坡首位总理李光耀以及成千上万参加游行的人都在摄像机的注视下打开了一瓶新生水细细品尝。没有人生病。实际上，新生水大多用于对水质要求高于饮用水的工厂和制造厂。

新生水已经通过 10 万多次检测，还达到了世界卫生组织人类饮用水的标准——虽然它的来源可能让人心存疑虑。

最后一个"国家水龙头"是海水。2005 年，新加坡在大士（Tuas）启动了国内第一家海水淡化工厂。在这里，过滤掉海水中的大分子后，通过与新生水相似的逆向渗透作用净化，得到纯净水，之后再加入人体所需的矿物质，供应给居民和工厂。大士的工厂每天可以生产 3 000 万加仑（130 000 立方米）的水。第三和第四个"国家水龙头"已经解决了新加坡超过 50% 的水需求。预计到 2060 年，这一数字会超过 85%——这一转变依靠的是规划与工程的智慧，不仅令人惊喜，而且可能拯救生命。

*

新加坡回收再利用雨水，并对水资源的可持续利用有着长远的计划，这说明工程师可以解决实际生活中的重要问题。这一挑战历史悠久，关乎最基本、最重要的分子，现在也可以用最先进的技术解决。随着人口不断增加，以及水需求的随之增长，地球上的工程师与科学家将面临更严峻的挑战：找寻这一珍贵的液体，创造新的输送管道，提高净化技术。

否则，我们将无法生存。

11
卫　生

2007 年的日本之旅是最让我受启发的旅行之一。我和我的母亲在东京的街头漫步，看到自动贩卖机可以出售鸡蛋、水果、方便面，甚至小狗；听到寿司餐厅里激情澎湃的厨师和服务生喊出每位顾客的点单，仿佛合唱一般。

我还看到可以发出音乐的马桶，发光的按键可以启动喷水，自动清洁，让一件日常的无趣行为变得令人兴奋不已。我试着按下几个按键，但很快就后悔了——但是，嗯，即使有些尴尬，确实更干净了。我们离开东京来到更偏远的地方，看到了更简单的蹲坑式厕所。这一反差十分明显——但与中世纪的日本相比，也已经非常卫生。

在德川幕府（1603—1868）统治日本之前，固体排泄物——讳称为"夜香"（night soil）——是一种商品。它们被装上船，绕着日本航行，分到各地。当然，这些船只散发出令人难以忍受的恶臭。人们抱怨这些船停靠在运送茶叶的船边上。但地方官员认为粪便贸易十分重要，人们只得忍受臭味。

粪便贸易之所以重要是由岛国面临的独特挑战决定的。日本的地理环境决定了其耕地很少，而人口激增让增加食物产量变得十分重要。因此有限的耕地必须高效使用，一年多熟，才能种出足够的粮食。这意味着土壤中的天然养分很快就会耗尽。日本人传统上用动物粪便当作肥料肥化土壤，但岛上的动物并不多，人们必须找到其他的解决方案。答案就在他们自己身上——激增的人口带来了大量排泄物，德川将军决定合理利用，将排泄物装上船，卖给想要让土地增收的农民。

粪便贸易很快形成了规模。在德川将军统治的早期，日本全国都依赖当时最大的城市大阪提供肥料。装着蔬菜和水果的船只会在这里换回城市居民的"夜香"。然而，夜香的价格很快上涨（显然，排泄物也受通货膨胀的影响），蔬菜无法换回这么"珍贵"的商品，到了18世纪初，人们已经开始用银子换粪便了。政府还颁布法律，规定住户产生的粪便归房东所有，尿液的所有权则"慷慨"地留给住户。粪便的价格上涨，一年20户的粪便价格相当于一人一年的粮食价格。夜香成了住房市场中的重要考量因素：租户越多，房东能收集的粪便就越多，房租也就越便宜。

最后，农民、村民和城市协会都在争取购买粪便的权利。到了18世纪中期，大阪的立法者将所有权和垄断权交给协会，由他们决定合理的价格。但粪便价格居高不下依然影响着贫苦的农民，而私自买卖会带来牢狱之灾。

收集粪便成了冲突之源，也带来了一些意料之外的收获。由于大家都拼命收集排泄物，用于饮用的水源就不容易被污染。其他文化传统也对卫生有一定帮助：日本人通过泡茶饮水——把水烧开能够将许多致病的微生物杀死。而信奉神道教的人对于不洁之物——血、死亡、疾病——都极力避免，一旦接触任何不干净的东西就需要"净化"自己。这意味着 17 世纪中期到 19 世纪中期的日本生活比同时期西方的大多数国家都要卫生、干净，日本人也因此有着更低的死亡率。

20 世纪则有所不同。随着人口不断增长和第二次世界大战带来的影响（不仅仅是经济方面），人们一度享受的高质量生活被打破了。1985 年时只有约三分之一的地方拥有现代下水道系统——滞后的原因主要是传统的排泄物处理方式十分成功。20 世纪 80 年代，人们对下水道系统进行了现代化改造。现在的日本以先进的厕所闻名，与之前繁荣的粪便贸易形成了鲜明对比。

不论是在现代还是过去，城市处理废物的方式是其成功与进步的指标。印度河流域文明（约公元前 2600 年）的城市哈拉帕与摩亨朱-达罗，几乎所有房屋都有供水系统和冲水厕所。在人口密集的后工业城市，高效地处理废物也十分重要。正如弗罗伦斯·南丁格尔（Florence Nightingale，她的卫生计划使维多利亚时期的医院和住房发生了革命性变化）在 1870 年印度卫生报告中所说的一样："提高城市中卫生水平的关键在于供水和下水道。"我们当中的幸运儿拥有完善的城市卫生系统，可以不考虑我们按下马桶后排泄物都冲到了哪里。而那些不那么幸运的人则时刻都要考虑腐烂的排泄物可能带来的疾病和死亡。谈论排泄物可能让我们感到不适，但随着地球人口迅速增加，卫生设施会越来越重要。

*

"问题是，"卡尔说，"没有人在乎排泄物。"他说完便气呼呼地离开了。

当时我正在设计伦敦市中心牛津街附近的一幢小公寓楼。我忙于规划地下室的停车场和游泳池需要多少根柱子时，我的下水道工程师朋友卡尔则要算出洗澡、洗碗、冲马桶，以及外部的雨水一共会产生多少污水。算出每小时的水流量后，就要设计管道，将这些污水排入伦敦的下水道中。我们从历史档案中得知，该建筑附近曾经建设过大型的下水系统，但我们不清楚管道的尺寸和剩余的空间，也不知道管道现状是否完好。我们想知道是否可以用它排放建筑的污水，也需要知道在地下室开挖管道是否会破坏位于附近的历史下水道。卡尔联系了勘测公司收集下水道的信息以完成设计。

一天，卡尔拿着一张 DVD 出现在我面前，二话不说就让我将 DVD 插入计算机点击播放。我打开一看立刻尖叫起来，慌忙把视频关掉。计算机屏幕这时显得格外宽大，上面播放的是下水道勘测的结果。在办公室中央、同事面前，我关掉窗口，告诉卡尔我看不下去。卡尔便发了火，大步走开。

冷静下来的我坐下深吸一口气，点开了视频。视频由机器人摄像机拍摄，由安全地站在地面上的人无线遥控，在下水道中行驶。下水道的砖墙是深红色的，看起来很干净，虽然在过去150年里流经它的水中都是令人反胃的东西。下水道出人意料地大——人在里面行走可以不用弯腰。管道的形状是稍稍变形的椭圆，有点像小头朝下的鸡蛋。这一形状有利于污水流动——在流量小的时候，水面位于下水道最低最窄的部分，流动速度快；流量大时，顶部提供了更大的空间。

我目不转睛地观看机器人在这一地标工程中移动，即使看到下水道底的东西时也不会恶心头晕。接下来的一周里，我和卡尔（迅速将排泄物的纠纷抛之脑后）认真研究了视频，认为建筑附近的这个下水道状况完好，建筑的废水可以通过它排出。但我们并不能用它排出所有污水，因为有可能超过它的容量。于是，与伦敦许多其他建筑一样，我们也在地下室设计了一个"储水池"（attenuation tank），先将废水储存起来，再以合适的速率向管道中排放。这一刻让我激动不已：我正在创造与一个多世纪前约瑟夫·巴扎尔盖特（Joseph Bazalgette）的先驱性工程实实在在的连接。他设想并建造了首都地下庞大的下水道系统。当时伦敦其实非常需要下水道系统，在 19 世纪早期，伦敦的生活充满污秽。

*

最初，伦敦所在的平原上有数条支流，流向泰晤士河的同时为城市提供了充足的水源和水产。13 世纪中期城市人口大幅增长，水质随之下降，变得越来越差，最终这些支流基本上成了露天污水道和垃圾场，随处可见动物甚至人的尸体。到了 15 世纪，"运水工"（water carrier）成了一项职业，他们肩挑两桶从井中打水。这时水质状况已经非常差，河流的上游也同样污秽不堪。伦敦市民喝的水被他们自己的排泄物和尸体污染。

城市中还有 20 万个粪坑——这些圆柱形的洞内侧由砖砌筑，保证不漏水，直径约 1 米，深约 2 米，坑底密封，顶上有盖。它们的用途是储存人类的排泄物：人们会拿着恭桶，把里面的排泄物全部倒进粪坑。当时有专门的"淘粪工"（nightman），也叫"耙粪人"（raker）或"扫厕农"（gong-farmers，"gong"是中世纪公共厕所的说法），他们定期清理粪坑，把排泄物用桶运到田地里。这虽然比直接把排泄物扔到大街上要强，但依然十分不卫生，因为田地离城市中心并不远。清空粪坑显然不是一份好工作，而且还很危险——耙粪人理查德（Richard the Raker）就在 1326 年掉进了粪坑，在粪便和尿液的混合物中溺亡。

下水道委员会（Commission of Sewers）在 19 世纪 40 年代曾力图通过法案建造新的下水道，但这一想法并不成熟。引入"水厕"（water closets，即今天的抽水马桶）只让情况变得更糟：粪坑密闭性不好，容纳固体排泄物已经很勉强，现在又冲进大量的水，自然水漫金山。为了解决这一问题，1850 年粪坑被禁止。但这又导致下水道（当时设计只是为了排出地面多余的雨水）荷载过大。所有污物（人类的和动物的）最终都被排到了泰晤士河里，而河水是人们洗衣、做饭、饮水的水源。

污物与水的邪恶结合导致伦敦霍乱肆虐。霍乱通常在夏末秋初暴发，感染者死亡率高达一半。1831 至 1832 年的疫情暴发使 6 000 多人丧生，之后又有两次大规模霍乱暴发：1848 至 1849 年超过 14 000 人死亡，1853 至 1854 年 10 000 多人死亡。当时人们普遍认为霍乱是靠空气传播的，吸入了有毒的"瘴气"（miasma）

就会感染。但 1854 年霍乱暴发时，医生约翰·斯诺（John Snow，1813—1858）观测了人们从苏荷（Soho）区的水井中打水后的健康状况，通过收集的证据证明了空气并不是传播霍乱的媒介。真正让霍乱蔓延的，是被污染的水源（图 11.1）。

　　排泄物正在毁灭英国首都伦敦。这点在 1858 年格外炎热的夏天表现得尤为明显。温度升高，已经废弃但不断发酵的粪坑和充满污水的泰晤士河及支流让整个城市恶臭熏天。这便是被称

图 11.1　1828 年托马斯·麦克莱恩（Thomas McLean）的蚀刻画，名为"泰晤士河的妖魔汤"（"Monster Soup commonly called Thames Water"）是对城市水污染的怪诞讽刺。©Heritage Images

为"大恶臭"（Great Stink）的开始。臭味太重，以至于人们不得不将窗帘浸在氯石灰里以掩盖恶臭。下议院的议员和林肯学院

（Lincoln's Inn）的律师们无法工作，甚至制订了放弃城市的计划。

　　这一切唯一的好处是，在亲身感受了糟糕的卫生状况后，政府终于下决心彻底消灭恶臭以及随之而来的霍乱。1859 年，在多年来拒绝工程师解决伦敦下水道问题的方案后，政府终于同意了约瑟夫·巴扎尔盖特的提议。

　　据说巴扎尔盖特为人冷淡，但笑容亲切温和。他身高远低于平均水平，但他的长鼻子、炯炯有神的灰色眼睛和乌黑的眉毛让他看起来孔武有力。他于 1819 年出生在伦敦郊区的恩菲尔德（Enfield），后来成了一名土木工程师，在迅速扩张的铁路系统工作。巨大的工作压力让他在 1847 年不堪重负，便转行成了"都市下水道委员会"（Metropolitan Commission of Sewers）的一名勘测员，负责解决伦敦下水道的问题。之后他供职于都市工作委员会（Metropolitan Board of Works），负责为伦敦废弃物处理的问题制订解决方案。

　　巴扎尔盖特的方案利用了泰晤士河原本的支流。这些污水横流的河道已经被改造成暗沟或者水沟。这是为了满足住房的需求：将河流限制在狭窄的暗沟中可以让人们在离河道更近的地方建造房屋。暗沟通常埋在地下，解放出了更多的空间。暗沟最高点离河道最远，由北朝南修建，与（由西向东流的）泰晤士河相连，排入污水。

　　约瑟夫·巴扎尔盖特决定截断这些暗沟和其中的污水。他从多个点切入，从而在原来的暗沟下方建造了新的下水道管网。为了截断旧暗沟中的水流，他在暗沟中建造了高度是暗沟一半的矮坝（weir，一种水坝）。接着他在这些矮坝前方的地面上钻孔，这样大部分污水就会被引入下方新修的下水道。你可以将左手伸出，五指张开，然后右手拳成一定角度放在左手下方，这就是巴扎尔盖特下水道系统的样子。左手好比一系列在旧暗沟中流淌的支流，右手就是巴扎尔盖特的新下水道。

在河的北方，巴扎尔盖特在三处暗沟下开辟下水道。第一处在暗沟地势较高的北方［如果你熟悉伦敦的话，这一条下水道从上霍洛威（Upper Holloway）通过斯坦福丘陵（Stamford Hill）和哈克尼（Hackney），一直到斯特拉特福德（Stratford）］。在"高层"下水道和泰晤士河之间，他又安装了"中层"下水道，从贝斯沃特（Bayswater）到现在世界著名的牛津街购物区，直至老街。更多中层下水道收集被矮坝挡住、从暗沟底流下的污水。最后，在离河最近的地方，他修了"低层"下水道收集剩余的污水。在河的南岸做法相似，但只使用了"高层"下水道［从巴尔汉姆（Balham）到克莱普汉姆（Clapham），经过坎伯韦尔（Camberwell）、纽克罗斯（New Cross）至伍利奇］和"低层"下水道［从旺兹沃思（Wandsworth）到巴特西（Battersea）、沃尔沃思（Walworth）至纽克罗斯］。这是因为南岸人口少，且南岸的城市面积比北岸小。下水道系统总长 160 千米（图 11.2）。

伦敦的维多利亚（Victoria）、阿尔伯特（Albert）和切尔西（Chelsea）路堤都出自巴扎尔盖特之手。这些路下方是与泰晤士河并行的低层下水道。之前的工程师将泰晤士河的支流引入暗沟，以控制其宽度。巴扎尔盖特也一样，用路堤控制奔流的河水。他

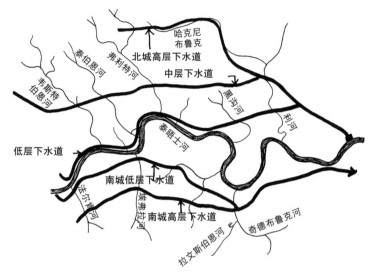

图 11.2 巴扎尔盖特设计的遍布伦敦的主要下水道系统。

新建的地下通道不仅有下水道，还为第一个地铁——伦敦地下铁创造了空间。

巴扎尔盖特在设计五大主下水道和上百个分支管道的尺寸时，为城市中 200 万居民每人生产的废水量留下了充足空间。他还意识到这些下水道是一劳永逸的工程，于是将尺寸加倍。五大管道最高点在西边，往东每英里（1609.344 米）下降 2 英尺（60.96 厘米），最后汇入两个泵站中。泵站由巴扎尔盖特和建筑师查尔斯·亨利·德莱弗（Charles Henry Driver）设计，位于克罗斯内斯（Crossness，服务于两条南岸的管道）和阿贝米尔斯（Abbey Mills，服务于北岸的三条管道）。两座泵站坚实、雄伟，像教堂一般，是维多利亚晚期风格的杰出建筑。最大的惊喜来自克罗斯内斯泵站的内部。巨大的泵机周围是闪闪发光的黄铜柱和精心雕刻的彩漆锻铁装饰（图 11.3）。这座泵站其实还上过几次大银幕，比较有名的是电影《蝙蝠侠：侠影之谜》（*Batman Begins*）和《大侦探福尔摩斯》（*Sherlock Holmes*）。

通过下水道流至泵站后，污水需要再被抽回至一定高度，才能流入更东边的巨大污水储存池。河北岸的污水储存在贝克顿

图 11.3　伦敦埃里思（Erith）克罗斯内斯污水处理厂维多利亚风格的泵站内部精美的锻铁装饰。©Heritage Images

（Beckton），南岸的储存池就在克罗斯内斯泵站旁边。将水抽到高处是为了让污水在重力作用下流入泰晤士河，在退潮时与河水一同流入海洋。当时排泄物依然未经处理就排放到河中。

巴扎尔盖特接到要求，将储存池建得越往东越好。这样即使最坏的情况发生，即水池满了、必须在涨潮时清空，回灌的污水也不会流到威斯敏斯特——议员们并不想重温 1858 年的恶臭。实际上由于河道收窄，巴扎尔盖特无意之中导致了潮位变化幅度比之前大，因此偶尔还是会有一些难闻的气味。

虽然巴扎尔盖特的下水道系统原理非常简单，但建造起来并不容易。建造新的下水道意味着要在伦敦的马路上开挖。工程非常庞大且复杂，需要挖到正确的深度、建造鸡蛋形截面的砖砌管道，还要与暗沟相连，然后再将洞填回，重新铺设道路。但一切辛苦都是值得的，因为英国首都人民的生活的确越来越好了。

伦敦市中心的水质大为改善。巴扎尔盖特的下水道（总长 2 100 千米，用了 3 亿多块砖）于 1875 年完工。这时，肆虐伦敦的霍乱已经成为历史，这很大程度上归功于巴扎尔盖特实用、有效、富有想象力的下水道工程。

*

巴扎尔盖特将伦敦市中心的污水引出城，排进泰晤士河，最终流入大海。不过污水并没有经过处理，因此这一系统不过是将引起疾病的物质从人口密集的区域转移到了人口稀少的区域。如果这种方法听起来有点原始，那么你会惊讶地发现今天我们依然使用着同样的排污系统。

今天新的污水系统将流入管道的雨水和住房、工厂、餐馆的生活生产污水分离。这样没有被污染的雨水就可以直接排到海洋或河流中，而污水和工业废水则进行处理。

在污水处理厂中，污水被一系列物理、化学和生物过程分解成最基本的物质。物理过程是过滤：让水通过半透膜去除杂质。化学过程是往污水中加入化学物质与其反应，将杂质分解。生物过程与化学过程很相似，只不过是利用细菌进行分解。目标是得到"处理水"（treated effluent），即可以安全排放对环境无害的液体；以及"污泥"（sludge），即可以用作肥料的固体废料。

至少理论上是这样，但实际应用中并非如此。令人惊讶的是，根据联合国人居署（UN-Habitat，监测人居环境的组织）的预测，全球约90%的污水都未经处理或只经简单处理就排放到环境中。从这个意义上说，伦敦并不是一个例外。因为巴扎尔盖特的下水道是"混合下水道"（combined sewer），即管道里雨水、污水、工业废水什么都有。巴扎尔盖特设计的供400万人（维多利亚时期伦敦人口的两倍）排放污水以及雨水的下水道系统是先驱性的工程。现在虽然伦敦的人口已经达到了800万，我们依然在使用这一有着150年历史的系统。它依然能持续运行的原因是容量够大，可以运送每年排入的12.5亿公斤的排泄物。但由于系统已经基本达到了最大容量，不能同时收集雨水，因此即使日降雨量只有2毫米（在伦敦潮湿的天气非常常见），这些混合下水道中的污水也会溢出。

泰晤士河沿岸有 57 根管道将这些溢出的废水直接排入河中。在巴特西可以看见河岸上巨大坚固的铁门，那就是其中一个排放口。沃克斯豪尔桥（Vauxhall Bridge）下也有一个，这里现在每年排放 28 万吨的废水。其中一些排放口建造于巴扎尔盖特的时期，有一些是后期加建的。2014 年，每周都需要将溢出的废水排入河中，每年总共往泰晤士河中排污 6 200 万吨，相当于每周都有 8 500 头蓝鲸扎进河中。如果我们无所作为，这一数字到 2020 年将翻倍。这些统计数字让人倒吸一口凉气。但幸运的是，从现在起到 2023 年将进行一项巨大的工程来解决这一问题。伦敦人的脚下将建造泰晤士河潮汐隧道（Thames Tideway Tunnel）。

我约见了菲尔（Phil），他是项目的主管之一，正在为英国首都建造新的"容器"。我们在一个宽敞的餐厅坐下，聊关于尿液和粪便的话题——更确切地说，是如何以更现代的方式排放它们。

"我们的计划是延续巴扎尔盖特的遗产，"菲尔解释道，"我相信如果在他的有生之年伦敦人口增长到现在的水平，他也会做同样的事情。"项目的思路很简单：150 年前，巴扎尔盖特截断了容量有限的支流，现在潮汐隧道将截断巴扎尔盖特的下水道：他的下水道中的污水就不会流入河中，而是流入新的隧道系统中。

项目的体量惊人。城市中有 21 处——有一处在沃克斯豪尔排放口——将下挖到 60 米的深处，建造新的圆柱形垂直竖井收集多余的雨水。大部分隧道将建在河边。第一步是建造巨大的"围堰"（cofferdam），构成防水密闭的空间，以此作为工地。再在围堰中已有的污水排放口附近建造新的竖井，然后建造管道将已有的排放口与竖井相连通。这样，污水就不会排入河中，而是顺着管道流入新的竖井。菲尔指出，建造新的下水道系统还不够，还要让它在视觉和嗅觉上都隐于无形（我脑海中浮现出住在一个巨大公共厕所旁边的情景）。这些竖井上方将建造公园和花园。几年之后，你就可以坐在河边的长椅上，品着卡布奇诺，满眼绿意，而其实每秒都有成吨的污水从巴扎尔盖特的下水道涌入你脚下的竖井中。当污水到达垂直竖井底部时，会有管道将其引入新的管道中（图 11.4）。

　　主管道直径 7.2 米，可以容纳下三辆双层巴士并排而放。管道从西伦敦的阿克顿（Acton）开始，往东每 790 米下降 1 米。到达阿贝米尔斯时，隧道深度相当于 20 层楼。接着，污水从阿贝米尔斯被泵至贝克顿的污水处理厂。

　　管道大部分位于伦敦中部的泰晤士河下方，这是个很有意思的工程策略。在繁忙的都市地下建造新的基础设施在任何时候都

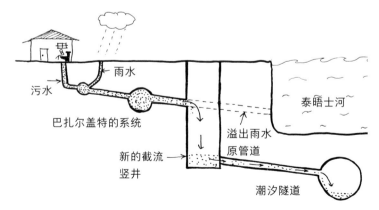

图 11.4　通过规划在建的潮汐隧道截流污水；未来伦敦市内的下水道系统。

是个难题。伦敦的地下管道系统又格外复杂，建筑成千上万，地基也格外深。在河底打隧道只需要通过 1 300 幢建筑（虽然看起来很多，但与不在河底打隧道相比已经少之又少了）。隧道还将通过 75 座大桥和 43 个之前建造的隧道，包括在城市地下呼啸而过的伦敦地铁。

　　土质本身也带来了巨大的挑战。隧道贯穿全城，由西向东缓缓下降的过程中会经过各种不同的土壤。起始点位于阿克顿，这里主要是黏土，土质易于膨胀收缩。中段经过伦敦中部砂土和碎石的混合土壤，黏合性差、易于滑动，并不适合打隧道。最后东端的陶尔哈姆莱茨（Tower Hamlets）是白垩土，里面还有大块的燧石，不仅无法预测燧石的位置，而且还会因为燧石难以切割而延缓隧道掘进机的挖掘速度，拖延工期。隧道需要十分坚固，特别是在不同土质的土壤交接处，因为可能一种土壤黏合性更好或者更干燥，从而在膨胀或收缩时对隧道产生不同的力。5 架掘进机在城市不同地点同时开工，向各个方向前进。最终，它们建造的隧道会连成一体，形成今天人们口中的"超级下水道"（super sewer）。

　　这一令人难以想象的工程目标是将向泰晤士河中排污的次数由一年 60 次减少到 4 次，从而将污水量从一年 6 200 万吨减少到240 万吨。我问菲尔为什么不能完全停止排污，他解释道，这四次排污只在雨量特别大时才会发生：大暴雨时，污水被大量雨水稀释，排入河中不会产生很大污染。河中的含氧量也由于自然的生物过程而不会被稀释污水影响，生态环境可以维持稳定。并且如果要想让排污量为零的话，潮汐隧道得是现在的两倍大。

工程师常常需要做这样的妥协：最好的解决方案并不一定是最可行的。理想状态下，应该将污水管和雨水管完全分离，但这就意味着要把整个城市挖个底朝天，建造全新的系统。更理想的情况是完全不往泰晤士河中排污，但这反而可能对环境有害。因为建造满足这一需要的隧道就意味着要挖出两倍的土，也就需要更长的工期、更大的机器和更多的能源。这种做法还会减少河水的水量，因为需要完全封闭河流的天然支流。

泰晤士潮汐隧道项目会显著提高河水质量。游泳和划船的人再也不用担心遇到漂浮着的废物垃圾了。但更让我开心的是，菲尔指出这一项目会配备新的污水处理厂。我们又回到了巴扎尔盖特的解决方案，并在他的系统中加入了新的竖井和隧道，以适应现代城市的需求。但这一次我们会净化污水，而不会污染海洋。

今天我们向巴扎尔盖特的技术和想象力致敬，他创造的下水道系统在150年后的今天仍可以使用。希望这一次下水道的扩建也可以服务同样长的时间，一个世纪之后的城市居民也会感谢今天的我们为伦敦建造的新的排泄系统。

关于排泄就说到这吧。

12
偶　像

　　进入会议室开会时，我常常是唯一的女性。我有时会数一数——有时是 11 个男性加上我，或者 17 个男性加上我。最多的时候应该是 21 个男性加上我。我工作时周围都是男性。好笑的是，有时他们脱口说出一句脏话后，会很抱歉地看着我（他们是没见过我在高峰期开车的样子）。我收到过许多封把我称为"阿格拉瓦尔先生"的工作信件——毕竟，如果你无法根据我的姓氏判断出我的性别，选择男性的正确率高达 90% 以上。原因很简单，同时也让我很失落：在我从事的行业里女性是少数群体。

　　在男性主导的环境中工作，我面临的挑战是多方面的，有些时候哭笑不得，有些时候令人煎熬。被衣着裸露的女性模特照片围绕的工地办公室中，很难严肃地进行关于有限元建模或者土壤强度报告之类的专业讨论。有一次一位建筑工人问我是否希望穿着"戏服"照相，他指的就是我在考察工地时日常穿着的安全帽和夹克，对我来说这只不过是我工作的一部分。我也听说过行业中其他女性的故事，例如她们在面试时被问到是否打算结婚或者生育（这是违法的）。

　　还好，这些只是偶尔的情况。最重要的是我热爱我的工作，并且相信任何人只要有恒心有毅力都能够在这一行取得成功。我也承认，作为少数群体也会带来一些优势——人们在会面后更容易记住我，因为我穿着时髦的裙子和高跟鞋谈论混凝土和起重机。这也为我提供了一些不同寻常的机遇，例如拍摄时尚宣传照为工程学代言。

　　我崇拜的工程师有很多——我在本书中也提到过他们——但艾米丽·沃伦·罗布林（Emily Warren Roebling，图 12.1）在我心中有独特的位置。她与任何不接收女性的大学培养出的任何男工程师相比不分伯仲，而她从未接受过系统的工程学教育，她不过是出于需要而学习。她出色的沟通能力不仅让她获得了工地上工人的尊重，也让当时最高级别的政客对她刮目相看。更重要的是，她监督完成了一项先驱性的工程。

　　从事建造业的女性在 21 世纪有着自己的挑战，但在艾米丽生活的时代，人们甚至不相信女性的大脑能够像她一样理解掌握复杂的数学和工程知识。而她的杰作布鲁克林大桥（Brooklyn Bridge），却成了纽约最鲜明的标志之一。

*

　　从很小的时候起，艾米丽就显示出了超凡的智力和对科学的热情。虽然她与长兄古弗尼尔·K. 沃伦（Gouverneur K. Warren）年龄相差 14 岁，关系却十分亲密。古弗尼尔 16 岁进入西点军校，随后加入测绘工程兵团（Corps of Topographical Engineers），为建造铁

图 12.1 我的工程学偶像：艾米丽·沃伦·罗布林。©Everett Collection Historical / Alamy Stock Photo

路进行调研，测绘密西西比以西的地区。之后他参加了美国内战，战功卓著，布鲁克林展望公园（Prospect Park）入口处就是他的雕像。古弗尼尔是艾米丽的英雄。父亲去世后他承担起家庭的重担，并鼓励艾米丽发展对科学的兴趣，还帮助她进入女性预备学校乔治敦拜访会女子修道院（Georgetown Visitation Convent）。艾米丽在那里探索科学、历史和地理的同时，还成了一名优秀的骑手。

1864 年美国内战时，古弗尼尔远征他乡，艾米丽依然历尽艰险前去探望。这期间她认识了古弗尼尔的朋友兼战友华盛顿·罗布林（Washington Roebling）。她一改往日的平和端庄，看到华盛顿的第一眼便坠入了爱河。六周之后，华盛顿献给了她一枚钻戒。

接下来的战争期间，艾米丽写了许多关于自己生活细节的长篇情书，但华盛顿阅后即焚，生怕这些信件让两人的分别更加难熬。艾米丽则相反，将所有收到的信件一一珍藏，不到一年就有了 100 多封记录着华盛顿思想、恐惧和爱恋的情书。在华盛顿征战沙场时，艾米丽会去看望他的家人，他们对艾米丽也格外喜爱。最终在 11 个月的千里传书之后，艾米丽与华盛顿·罗布林于 1865 年 1 月 18 日结为夫妇，而艾米丽也自然而然地承担起一位典型的维多利亚时期家庭主妇的角色：在丈夫的身后操持家务。

华盛顿的父亲，约翰·奥古斯都·罗布林（John Augustus Roebling）生于德国，是一位颇有成就的工程师。华盛顿也打算子承父业。1867 年约翰便将华盛顿送往欧洲学习建筑，学习内容就包括受古罗马人启发的建造技术。

*

古罗马人早期建造的结构比较轻、体量小，并不需要地基，因为地面能够起到足够的支撑。但随着他们建造技术的发展，建筑的体量与重量不断增加，古罗马人便意识到了地基能够保证结构不移动或下沉，在建造中起到了关键的作用。在地上建造地基相对容易，只需要将地表较软的泥土挖出，把坚固的石块或混凝土放在更硬更深的土层上就可以了。而在河中——如你所想——就比较复杂了。但古罗马人的发明天赋让他们想出了解决方案。

　　他们有时会将木头做成地桩打入地下支撑结构。打地桩使用的是打桩机（piledriver），由木板斜向连接成金字塔的形状而构成，高约两层楼。人或牲畜可以通过金字塔顶端连接的滑轮和绳索提起重物。先通过人力尽量将木桩打入地下，然后释放吊着重物的绳索，让重物下坠，将木桩进一步下压，并不断重复这一过程，直到木桩完全被打入地下。

　　在水中建造地基时，古罗马的工程师会先在地基周围用打桩机打两圈木桩。木桩形成两个同心圆，之间以黏土填实加固。然后将圆中的水抽出，便创造出了一个可以工作的干燥区域（图12.2）。这种建造方法叫作"围堰"，直到今天仍在使用（前一章提到的泰晤士河潮汐隧道就使用了这一方法），只不过用的是更大的圆桩形

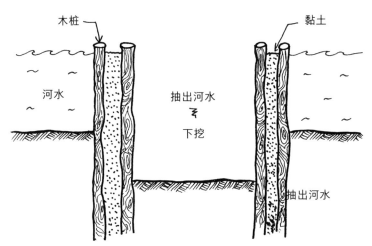

图 12.2　古罗马人在水中建造地基的方法。

或梯形的钢桩。

在抽干的围堰中，古罗马工匠挖出泥土，直至岩石层，或者一直挖到围堰开始漏水。再在坚固的土层上建造一层层的石墩或混凝土墩。（特殊的火山灰混凝土在潮湿浸水的环境中也可以硬化。）桥墩建好后，他们便在上方摞上石块，进一步加固地基，再将泥土回填至原先的高度。石墩、地桩和石块都在河床之下。接着围堰的木桩被移走，河水流回，工人们就可以继续建造桥墩，直至可以支撑大桥结构的高度。

＊

古罗马围堰适用于河水不深的地区。但华盛顿·罗布林希望知道如何在深水区建造。在这种情况下无法使用地桩，因为地桩造得过高，就无法抵御水流的冲击。于是，他开始研究"沉箱"（caissons）。

沉箱是一个顶部密封的箱子，底部可以打开，插入海床或河床的泥土中。（你可以想象把一个杯子倒扣在一盆底部有沙的水中：杯子的沿口会陷入沙子中，杯底则防止水进入其中。）工人通过沉箱表面的一个斜槽进入箱中，另一个斜槽用于运输材料。进入深水中的另一个挑战是，随着深度增加，水压就增加，对沉箱施加的力也就更大。

我们可以使用充气沉箱平衡水压。充气沉箱不过是增加了一项新功能的普通沉箱，即让压缩空气不断泵入其中。压缩空气不仅可以阻止水渗入，还可以平衡沉箱内外的压强。工人可以通过

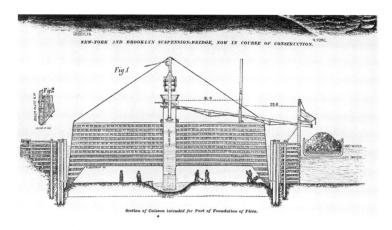

图 12.3 布鲁克林大桥建造时使用的巨大沉箱。©Fotosearch / Stinger

气闸进出。19 世纪中期，工程师们就开始使用这一突破性的发明为大桥建造基础（图 12.3），这也令华盛顿·罗布林深深着迷。他甚至考虑过在密闭空间里使用炸药，当时还没有人尝试过。

　　艾米丽成了丈夫的研究助手，与他一起学习沉箱技术，并运用在乔治敦拜访会女子修道院学到的科学方法理解工程学。当时她还没有意识到，在沉箱的高压环境中工作最终会导致他们的生活产生灾难性的转折，使夫妇两人的生活都产生了巨大变化。

*

　　19 世纪末还没有大桥连接布鲁克林和曼哈顿岛。虽然渡轮在东河（East River）间频繁往返，在冬季却由于水面结冰不得不停运。政府面临着巨大的压力解决这一问题，于是通过了一项法案，授权纽约桥梁公司（New York Bridge Company）完成这项工作。

1865 年，约翰·奥古斯都·罗布林被任命设计一座横跨东河的大桥，并估算工程成本。投资将在纽约市、布鲁克林市（当时还是两个独立的城市）以及私人投资者间分摊。两年后，约翰·奥古斯都·罗布林开始领导整个项目。

　　他设计的大桥中段是悬索桥的形式，与我在诺森比亚大学天桥使用的斜拉桥形式十分相似：两者都通过高塔固定桥索，并且桥索始终受到张力，拉起桥面。但两者将张力传导至地面的方式不同。

　　在斜拉桥中，力的传导路径很直接。桥面将桥索向下拉，使其产生张力，桥索与桥塔相连，对桥塔产生压力。然而在悬索桥中，拉着桥面的桥索与另一根悬挂于桥塔之间的"抛物线型桥索"（parabolic cable）相连。（抛物线是一种特殊的线型，如果你有一些数学基础，可以画出 $y=x^2$ 的函数图像，这条函数线就是抛物线。）抛物线型桥索固定在大桥两端的桥基上，对桥塔产生向下的力，

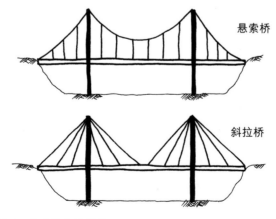

图 12.4　悬索桥与斜拉桥。

将其下压，并将力传导至桥基。这就是两种桥的区别：斜拉桥没有抛物线型桥索（图 12.4）。

布鲁克林大桥于 1869 年动工，但很快就遭遇变故。一场意外使约翰·罗布林感染了破伤风，几个星期后就去世了，甚至没能看到他非凡的工程垒下奠基石。

华盛顿·罗布林自然成了父亲的继任者，承担起项目总工程师的职责。为大桥建造桥墩时，他使用了在欧洲学习期间就让他着迷的沉箱。但他的沉箱比之前的都更为庞大，下沉的位置也更深。两个巨大的沉箱宽 50 米长 30 米，顶部压着层层巨石，缓缓沉入水下，一个在纽约一端，另一个在布鲁克林一端。

虽然工程决策看起来很合理，但现实很快打破了纸上谈兵的计划。第一个月的挖掘进程十分缓慢，工程师们开始质疑是否应该放弃，转而使用新的方式。随着一股股黑烟从蒸汽发动机中冒出，工地里堆满了油桶、工具、石块和沙子，关于沉箱中恶劣的工作环境的报道也开始出现。

封闭的环境中十分嘈杂，到处都是灯光的投影，气压影响工人的脉搏，使他们声音微弱。巨大的沉箱内部布满泥泞的土壤，充斥着湿热的空气。随着地层挖掘难度增大——时常会碰到沉箱无法切割的大石块——华盛顿开始试验使用炸药。他担心空气质量和设计对工人的影响，却不知道这时他自己的健康已经受到了巨大威胁。

接下来的几个月里，长时间在地下深处工作让华盛顿气喘、短暂瘫痪、关节和肌肉剧痛。他甚至请了一位医生监测在布鲁克林沉箱中工人的身体情况，因为布鲁克林一端比纽约一端的沉箱更深。华盛顿并没有充分意识到他与工人们面对的健康问题，而对这些症状一笑了之，继续工作。虽然疼痛是暂时的，但四肢的麻痹感没有消退。他得的是"沉箱病"（caisson disease），病因是氮气进入了血液，导致剧烈疼痛［会让患者疼得蜷缩起来，因此这种疾病也被称为"折叠病"（the bends）］甚至是瘫痪或死亡。现在我们知道从高压环境迅速进入低压环境的危害——比如潜水员需要严格控制上升的速度，使氮气得以排出。但在1870年，沉箱还是一种新的发明，虽然工程师们对在深水环境中的作业危害有所了解，但尚未确定防止伤害的机制。

华盛顿陷入了持续的疼痛——胃、关节和四肢都是如此——并且严重抑郁。深受头痛困扰的他丧失了视力，轻微的声响都能使他焦躁不已。他是唯一掌握知识、能够代替父亲管理项目的人，但他的身体不允许他积极参与项目，此时即使是日常的简单工作也让他难以承受。他的精神状态让他不愿与艾米丽之外的人交流。似乎罗布林家族这些年来花在设计与规划大桥上的心血、忍耐和牺牲都将付诸东流。然而，艾米丽在与丈夫和公公相处的时间里，了解了很多桥梁设计与工程的知识，甚至参与了技术研究。于是她开始参与项目。这是巨大的一步——女性参与甚至领导工程项目是史无前例的。尚且不论工地上的工人和投资人是否对她心存疑虑，她自己又是否有信心和决心作为丈夫和工地之间的联络人，甚至承担起总工程师的角色呢？

艾米丽虽然接受过科学教育，但没有系统学习过桥梁设计，于是她开始向丈夫认真学习。她害怕丈夫无法活着见到大桥竣工，便代替他掌管了所有联络工作，定期向公司写信。她无比专注地学习复杂的数学和材料工程学，学习钢铁强度、桥索分析与建造的知识，计算桥索曲率，全面掌握了项目的技术要点。艾米丽坚定地要将这座家族遗产建成。

很快，她意识到仅靠这些技能无法让她成功领导整个项目：她需要与工地上的工人和有权有势的投资者们交流。于是她开始每天视察工地、指导工人工作、回答问题。她一方面监督工程进展，一方面在丈夫和项目的其他工程师之间传递消息。

随着艾米丽的自信心不断增加，她对华盛顿的依靠也越来越少。她凭着直觉做出判断，而她丰富的知识帮她在问题发生之前就做出预测。所有工地上的工作与信件回复都井井有条地记录在案，在会议和活动中她也非常有策略地代表丈夫出面。当官员、工人和承包商前来探望她的丈夫时，她代替丈夫充满权威和自信地回答问题。[在建造过程中曾经对供货商进行过诚信调查。1879年，承包商艾奇摩尔钢铁公司（Edge Moor Iron Company）的代表急于澄清嫌疑，直接给"华盛顿·A. 罗布林夫人"写信，且并没有提及希望征求她丈夫的意见。]

然而艾米丽依然是以丈夫的名义工作。开始有传闻说她才是真正的总工程师和大桥建造的幕后主力。新闻对她的介绍也含糊其词：《纽约之星》（New York Star）不乏调侃地将她形容为"一位聪慧的女士，布鲁克林大桥办公室的人已经对她的文风和字迹了如指掌"。在整个建造过程中，罗布林一家将私人生活保护得很好，并没有接受任何媒体的采访。

　　虽然艾米丽小心翼翼地管理着项目，但问题还是接连发生：成本不断增加；20 位工人死于事故和沉箱病；华盛顿的健康状况没有任何好转；所谓的"米勒案"（Miller Suit）提起诉讼。仓库主亚伯拉罕·米勒（Abraham Miller）状告负责建造大桥的两个城市，要求拆除大桥，声称大桥会让贸易转移到费城。他质疑两市提供项目资金的能力，并提供了许多船长、造船师和工程师证人，愿意证明大桥使用的钢索不安全。议员亨利·墨菲（Henry Murphy）是华盛顿父亲长久以来的支持者，全靠他的不懈努力，才让这一案件尘埃落定。甚至连罗布林一家也没有逃脱非议——有传言称他们与钢铁制造商间有幕后交易，并对他们进行了受贿调查，结果最终还他们清白。监管大桥建造的董事会人员更迭，新旧成员之间爆发了政治纷争。接着在 1879 年，苏格兰的泰河大桥（Tay Bridge）——当时世界上最大最有名的桥梁——在一场暴风中倒塌，75 人死亡。《纽约先驱报》（New York Herald）的头条写道："泰河大桥的灾害是否会在纽约和布鲁克林之间重演？"

　　虽然艾米丽以丈夫的名义熟练地管理项目，1882 年布鲁克林市长还是决定以身体不佳为由撤销华盛顿·罗布林总工程师的职务。市长在董事会发起了解雇华盛顿的动议，要求在下一次会议上投票表决。在激烈的争执、政治斡旋和媒体报告之后，董事们聚集在一起商议，并投出了自己的一票。

　　董事们以仅三票之差的多数同意让华盛顿·罗布林管理项目直至项目完工。几十年后，当华盛顿被问起艾米丽在大桥建造中起到了什么作用时，他的答案是，她是大桥建造涉及的各类不同性格的人之间"出色的调解人"。我认为她是一位娴熟的谈判专家：耐心倾听各方不同的意见，为大家提供机智的提醒，并且在高度政治化的氛围中缓解困境。艾米丽在这项家族遗产完满竣工方面，功不可没。

大桥向公众开放之前还要进行最后一项检测：测试马在桥上快步走带来的影响。当时，共振——由桥上行人造成的振动——的危害已经为人所知，因此会采取措施保证桥梁在各种交通方式下都坚固安全。艾米丽带着一只象征胜利的活公鸡，成为第一个乘坐马车通过大桥的人。

几个星期后的 1883 年 5 月 24 日，总统切斯特·阿瑟（Chester Authur）为大桥正式剪彩，她有幸陪同总统的仪仗一同通过大桥，而她的丈夫则自豪地从房间中用望远镜注视着她。这一天——之后被指定为"人民日"（The People's Day）——正式宣告成为布鲁克林的官方节日。五万居民涌上街头庆祝，希望一睹总统和崭新大桥的风采。无数的演说赞颂大桥是"科学的奇迹"，"展现了人类改变自然面貌的惊人能力"。而这座大桥，可以说展现了女性的惊人能力。在庆祝中，华盛顿·罗布林的竞争者之一艾布拉姆·休伊特（Abram Hewitt）说："艾米丽·沃伦·罗布林的名字将与所有值得赞颂的人性和建造艺术世界中的奇迹紧紧联系起来。"他还将大桥称为"一座永恒的丰碑，纪念一位女性的无私奉献和她的杰出才能，虽然她长久以来无权享受相应的教育"（图 12.5）。

今天，支撑大桥的其中一座桥塔上有一块铜版，纪念艾米

图 12.5　布鲁克林大桥正式开通仪式。©Stock Montage

丽、她的丈夫和她的公公，由布鲁克林工程师协会（Brooklyn Engineers' Club）捐献，上面刻着（图 12.6）：

大桥的建造者们

纪念

艾米丽·沃伦·罗布林

1843—1903

她的信念和勇气帮助她重病的丈夫

华盛顿·A.罗布林上校　总工程师

1837—1926

完成了大桥的建造

大桥设计者是他的父亲

约翰·A.罗布林 总工程师

1806—1869

他将毕生献给了这座大桥

在每一项伟大的工程背后

都有一位无私奉献的女性

艾米丽·沃伦·罗布林精于技术，并得到了所有与她共事的人的喜爱。她备受尊重，大桥建造的参与者们不论承担什么角色，对项目有怎样的期待，都对她极为敬仰。作为一位女性，她能够在各个社交圈中游刃有余，受到政客、工程师和工人的欢迎，意见受到重视，指令得到遵循，在女性现身建筑工地还是闻所未闻

图 12.6　布鲁克林大桥上罗布林家族的纪念碑。©Washington Imaging /
Alamy Stock Photo

的时代，充分显示了她出色的能力。

　　作为一位年轻的结构工程师，我现在与艾米丽建造大桥时的
年纪相仿，也深刻意识到建造重要地标建筑带来的挑战和压力。
但我是在经过了多年的结构工程训练，有了经验、指导和支持之
后才面对这些巨大挑战的，并且在这一过程中取得了工程师资格
证。艾米丽则是在没有任何正规训练的情况下做到这一切的，她
甚至不是一个获得认证的工程师。生活的悲剧迫使她承担起了未
曾想过的责任，她却成功且优秀地完成了任务。这不是一座普通
的大桥，486 米的跨度使它成为当时世界上最长的大桥。这是第
一座使用钢悬索的大桥，也是第一座应用如此大体量沉箱，并在
其中使用炸药的大桥。这一工程创举直至今天仍在使用。

　　我在研究中惊讶地发现，人们对于艾米丽贡献的评价差别极大。一些人认为她是项目背后真正的主力，另一些研究则完全没有提及她。但与同时代的女性相比，她的贡献需要被认可。我很开心她的名字被刻在纪念碑上。她是我的偶像，因为在一个女性没有话语权和地位的时代，她面对空前的挑战，使用了工程师所有的技能——专业知识，与工人和利益相关者沟通的能力，以及不屈不挠的意志——创造了当时最先进的大桥。

13
桥　梁

"搭讪男又来电话了。我争取在 3 分钟 23 秒内结束谈话。"

聚会上有人向我介绍了一位男生，他一直滔滔不绝地说话，过于轻佻，并不是我喜欢的类型。或者说他自我感觉良好但实际并非如此。我好不容易抽身而出，一整晚都躲着他，但一不小心还是跟他交换了电话号码。

接下来的几周里他给我打了几次电话。第一次刚巧妈妈从印度来看我，我便以此为借口礼貌地拒绝了他："对不起，我妈妈正好来了，说话不方便。"第二次，我在 3 分钟多一点的时间内从通话中抽身，并且自豪地给朋友写邮件说了这件事。

但"搭讪男"——我和朋友给他起的外号——不罢休。他多次写邮件、打电话（谈话也渐渐超过了 3 分钟）后，最终我答应跟他约会。这时我才发现这位年轻人的与众不同之处——他是个彻头彻尾的书呆子。我们聊物理、编程、建筑、历史；我还发现他会花好几小时看维基百科，他的脑子里装满了有趣但无用的知识。晚餐结束时我对他竟有一些心动。

　　我不知道搭讪男是如何做到的，但他在晚餐过程中也发现了我的书呆子气，于是开发出了一套吸引我注意力的狡猾策略。第一次约会后的次日清晨，我打开邮箱，发现了一封主题为"今日桥梁 No.1"的邮件。

　　"这个例子说明了为什么应该做好阻尼分析。"邮件中提到的是美国华盛顿州的塔科马海峡大桥（Tacoma Narrows Bridge），1940 年在并不剧烈的风中戏剧性地坍塌。每天早上当我睡眼惺忪地登录邮箱时，都会发现一封新的"今日桥梁"邮件，让我不经意地嘴角上扬。整个星期他每天都给我发桥梁的维基百科链接和图片，或是有好玩的故事，或是设计独特，或是发生惨剧，或者仅仅是造型优美。我表现得那么明显吗？这么容易就能让我倾心？

　　虽然我依然认为发邮件的人过于刻意，但我的确非常喜欢阅读这些关于桥梁的故事，了解之前不曾听过的案例。这样过了一周，我承认他确实成功营造了聊天话题。桥梁的故事可不是每天都能听到。我从全世界的桥梁中选择了我最喜欢的五座，希望它们足够小众且不同寻常，你不曾听闻。每座桥梁材料各异，有丝，也有钢铁。建造时代和工程师使用的建造技术也不尽相同。有一座在设计中就允许桥梁发生移动，有一座则出人意料的有弹性，还有一座由古代国王建造。每一座桥梁都有着独特的工程特质——从中可以一窥人类历史上成百上千种跨越山谷河流的创造性方法。

第一座：旧伦敦桥（Old London Bridge）

我没有见过这座旧伦敦桥（图 13.1），因为它已经于 1831 年被拆除了。动荡的历史为它增添了一丝神秘感：这是一座传奇的桥梁——它在泰晤士河上横亘 600 多年，要归功于一个人的热忱与毅力。最令我着迷的是，它忠诚地服务伦敦人民长达几个世纪——但服务质量并不高。虽然寿命很长，但旧伦敦桥并不是一个成功的工程。

图 13.1　旧伦敦桥：一座总是倒塌的大桥。©Popperfoto

如你所知，古罗马人是勤奋且高效的桥梁建造者。但公元 4、5 世纪西罗马帝国衰落后鲜有桥梁兴建。直至公元 1100 年，教会才开始出资建造大量桥梁，其中许多还设有礼拜堂，供人祈祷安全通行并捐资维护。传说圣贝内泽［Saint Bénézet，建造著名的阿维尼翁大桥（Pont d'Avignon）的设想启发了他］创建了"桥梁兄弟会"（Fratres Pontifices），在有宗教需求或社区需要的地方建造桥梁。

在这一背景之下，1176 年，伦敦一座小礼拜堂的助理牧师彼得（Peter）便决定筹款在泰晤士河上建造一座桥梁。他筹款的对象上至国王，下至农夫，无所不及，目标是在伦敦建造第一座石桥。之前虽然有过木桥，但要么毁于暴风、大火，要么毁于战乱，或者被废弃。建造石桥对彼得来说是一项巨大的挑战，之前还没有人想过在一条潮汐河上建造石桥。在泰晤士河上建桥并不容易：水位起伏变化近 5 米，河床十分泥泞，水流很快，因此难以建造桥基或桥桩支撑起桥面。甚至连运输建造材料也十分困难，在人行的鹅卵石路上运输石块十分费力。但彼得并没有退缩，毅然承担起了这项艰巨的工程。

中世纪时期的伦敦人可能会对城中第一座石桥的复杂结构惊诧不已。他们可能会听到打桩机发出震耳欲聋的声响，看到打桩机被装上货船，慢慢卷起重物，然后松开将桥桩打入河床中。他们也可能看到建在桥桩上的人工小岛（starling），每一个都是船型，由不同形状石块堆积而成。小岛及上方用于支撑桥面的桩子和柱子体积巨大，形状不规则，宽 5 米到 8 米不等。人们看着木匠们把拱券形状的木架放在桥桩上。这些就是拱券模具，在上面垒上（从货船上小心翼翼地搬下的）石块，就可以砌成桥洞。伦敦人要等上一整年，才能看到一个桥洞建成。

1209 年，也就是 33 年后，长 280 米、宽近 8 米的大桥落成，但彼得没能在有生之年见证这一刻。他将 29 年贡献给了大桥的建造，死后葬在了大桥礼拜堂的地下室里。

完工后的大桥十分粗犷。19 个桥洞的形状大小都不同，用随意切割的石块垒成哥特式风格。虽然这种受到伊斯兰建筑影响的尖拱在当时的住宅和教堂上随处可见，但对于桥梁来说不是最适合的形状。的确，这种尖拱让中世纪教堂能够建得比之前更高，但桥梁不需要追求高度，只需要在适合的高度将河两岸相连接。更传统的半圆形古罗马式拱券会更合适，但似乎工程师追求样式胜过了实质。桥梁的中心是一座吊桥，让较大的船只通过，桥的两端矗立着的是防御桥塔。

泰晤士河的水位随潮汐涨落。由于桥墩和桥桩过宽，几乎占了河面的三分之二，河水自然流淌便受到了大桥严重阻挡。因此涨落潮时，桥一边的水位会比另一边高很多。由于水流不畅，受到阻碍后就会形成致命的湍流。即使最愚蠢的水手也会避免在这时通过大桥，很可能会翻船，人也被抛进河中。但还是有上百人因此丧生。这些人应该遵循受大桥启发诞生的一句谚语，避免悲剧发生——"聪明人从桥上过，傻子从桥下过"。

更有甚者，人们慢慢开始在桥上建房子。我是很喜欢住在桥上这个想法的——白天看河水涨落、饱览壮丽的日出应该是非常令人兴奋的生活。意大利佛罗伦萨的老桥（Ponte Vecchio）就是如此。房屋与商铺经过仔细的规划和建造，创造出了一种平和有序的氛围。与之相反，伦敦桥上的房子只让情况更混乱。

桥面通道和边缘之间塞进了大量三至四层的住房和商铺，有上百幢楼。商铺还在楼前摆临时摊位卖货品。公共厕所就建在楼的外侧，直接把排泄物排入河中。大桥建造时并没有考虑到楼房的重量，而楼房之间也没有安全的间隔距离，造成了很大的火灾隐患。因此大桥发生事故只是迟早的事情。大部分房屋都毁于1212年的大火，导致几千人丧生。他们原本聚集在大桥中间看热闹，没想到火星从一头的大火中飘来，在桥的另一头燃起熊熊大火，将他们困在了中间。有3 000多具被烧焦的尸体，更多的人直接化为灰烬。1381年和1450年的叛乱和暴动也一再将大桥严重毁坏。

到了15世纪，大桥上房屋的数量和高度都翻了一番。这些摇摇欲坠的高楼下是推车、马车、牲畜和行人都必须通过的黑暗通道。在高峰时期过桥可能要花1个多小时。房屋渐渐超过了大桥的承重，火灾隐患增加，湍流逐渐把桥墩冲散，部分大桥已经坍塌进河水之中。

1633年，又一场大火将三分之一的房屋毁于一旦。不过塞翁失马，焉知非福，灾难让桥梁和河岸上的房屋间留下了空间。1666年伦敦大火时，这一段空间使大火无法越过，让房屋免于一难，可谓在"夹缝"中逃生。但居民和小贩们并没有从中吸取教训，1725年，又一场大火毁掉了60多间房屋和两个桥洞。

*

最终，桥上的房屋于 1757 年全部拆除，大桥挺过了 18 世纪。直到 1832 年，新的伦敦桥［由土木工程师约翰·兰尼（John Rennie）设计］才在其一旁建起。但旧伦敦桥依然在我们的文化中留下了深深的印记——小时候母亲教过我一首关于它悲剧历史的儿歌，母亲带着口音还有些跑调的声音，这么唱着："伦敦大桥要塌了，我美丽的女士（London Bridge is falling down, my fair lady）。"这是首罕见的有关工程学的儿歌，它提醒着还没学会走路的未来的工程师们，糟糕的设计会产生多大的危害。

第二座：浮桥

提起桥，我们脑海中浮现的常常是横亘在空中、利落地跨过天堑的结构。我的第二座桥则与这一形象相反。古代波斯国王薛西斯（Xerxes）为了复仇，建造了一座巨大的"桥梁"，他想跨越的不是别的，正是广袤的海洋。但他的桥梁并非横跨长空，而是一座独一无二的浮桥（pontoon，图 13.2）。

薛西斯的父亲大流士一世（Darius I）是历史上最伟大的帝王之一，统治着从中亚草原到整个安纳托利亚的广袤领土。他的帝国远远大于亚历山大大帝（并且在他在位期间又继续扩大）。公元前 492 年到公元前 490 年之间，他决定将希腊小国收入麾下，于是远征至马拉松（Marathon），迎战雅典和普拉提亚（Plataea）的军队，却意外败北。这也标志着波斯对希腊侵略的结束。

THE BRIDGE OF BOATS OVER THE HELLESPONT, USED BY XERXES.

图 13.2 浮桥：以船过海。©North Wind Picture Archives / Alamy Stock Photo

大流士曾准备再次出征，但没能完成计划就去世了。薛西斯没能忘记父亲在马拉松败北的耻辱，下决心要完成父亲的理想，让希腊城邦向波斯帝国俯首称臣。薛西斯年复一年训练军队，制定战略，储备粮食，最后向希腊发起了战争。虽然大部分希腊城邦向他投降，但他又一次在雅典人和善战的斯巴达人那里尝到了失败的滋味。

公元前 480 年，波斯军队遇到了难题。进入色雷斯（Thrace），需要借道赫勒斯滂［Hellespont，即今天的达达尼尔海峡（Dardanelles）］，这是将现代欧洲与土耳其分开的海峡。一场暴风雨将腓尼基人和古埃及人建造的桥梁毁坏，首次跨越海峡的尝试就这样失败了。薛西斯下令鞭打海水 300 下，惩罚其桀骜不驯，并将设计桥梁的两名工程师斩首。

接任的工程师提心吊胆，他们很可能是以性命担保建造更为坚固的大桥。波斯人需要跨越 1.5 千米长的深海峡——这在当时是非常长的距离，因为传统的造桥技术需要在水下坚固的地层上建造桥桩，再在桥桩间用拱券相连，很难用于如此大的跨距。于是，根据希罗多德（Herodotus）的《历史》（*The History*）一书记载，他们用 674 艘船只［由 50 桨的希腊船（penteconters）和 3 排桨的低矮船（triremes）组成］排成两列，每排船上放着两根亚麻绳索和四根莎草纸绳索。这些粗重的绳索将船只相连，构成了桥面。

工程师把树干加工成长木板，一块挨一块铺在拉紧的绳索上，并在上面均匀铺上一层树枝。之后再覆盖上一层泥土压实，形成军队可以通过的桥面。工程师还在桥的上游和下游抛下锚，东侧的锚防止船只被来自黑海的海风吹向海峡下游，另一侧的锚则抵御西侧及南侧的风力。宽阔的桥面两侧还设有栅栏，防止战马看到下方湍急的水流而受到惊吓。

由船组成的大桥完工后，薛西斯为祈祷安全通行，将自己的金杯和波斯剑抛到海峡中。这可能是对太阳神的献祭，也可能是在安抚海神。接着，大军就浩浩荡荡通过这座宏伟的浮桥，向希腊色雷斯迈进。据说波斯人，包括薛西斯麾下被称为"不死者"（The Immortals）的精英战士，花了七天七夜才从海峡的一头走到另一头。

虽然工程甚巨，但战斗的结果不如人意。薛西斯在萨拉米斯（Salamis）和普拉提亚的战役中失败，大量士兵死于战斗和饥饿，只好撤回了波斯。他虽然征服了自然，却没能征服古希腊人。

*

浮桥公认起源于公元前 11 世纪至公元前 6 世纪的中国，当时人们在相连的船只上铺上木板通过河流。在古罗马和古希腊时期，浮桥也被广泛使用。一个臭名昭著的例子是卡利古拉（Caligula）在浮桥游行，炫耀自己的华服。在两次世界大战期间，军队常常使用这一技术，因为浮桥便于搭建拆卸，可以快速高效地通过水域。在水深、跨度大、时间紧的情况下，浮桥是上佳的选择。但水流和暴雨对浮桥的影响很大。很多浮桥［如美国的默罗桥（Murrow Bridge）和胡德运河桥（Hood Canal Bridge）］就毁于强暴风雨。一艘船进了水，就会将其他的船一同往下拉，最终造成整座浮桥沉没。幸运的是，现在的工程师不会像薛西斯的工程师一样面临斩首的惩罚了。

第三座：福尔柯克轮（The Falkirk Wheel)

在薛西斯的船桥上行走时，桥面会随着海浪上下浮动，海水漫过两侧的桥面，行人应该如履薄冰。我们不喜欢感知到结构的移动，这会让我们很没安全感，从而提心吊胆。但如果把桥梁设计成可以转动的呢？大部分桥梁的功能都是让陆地上的交通工具通过河流，而我最喜欢的一座桥梁则是让水上的交通工具通过陆地。

凯尔特人的双头斧是一种非常有震慑力的武器。斧头两侧都有利刃，勇敢的武士在战斗中不论向左还是向右挥砍，都能对敌人造成打击。让人难以想象的是，这种致命的武器竟是福尔柯克轮这个世界上最有趣、最不同寻常的结构的灵感来源。

苏格兰低洼的运河一度十分繁荣。1822 年通航的联盟运河（Union Canal）从福尔柯克通至爱丁堡，用于向首都运输煤炭，为城市中的工厂提供能源。福斯-克莱德运河（Forth and Clyde Canal，1790 年通航）之于格拉斯哥也是如此，当时这座小城正迅速成长为苏格兰的工业中心。然而 19 世纪 40 年代铁路系统开始发展之后，由于铁路运输更为便捷，这些运河与无数其他运河一样变得冗余，并很快荒废。到了 20 世纪 30 年代，运河因为年久失修，有的部分已经堵死。人们只好封闭曾经的交通动脉，但这并不是最好的做法。

20 世纪末，建筑师和工程师协作重新开放运河，在格拉斯哥和爱丁堡之间，特别是福斯-克莱德运河和联盟运河之间建造以水运为主的新交通线。重新使用有 200 年历史的水道对沿线社区的环境和经济都很有益处。但这项工程的技术难度很大，最大的挑战来自需要跨越的巨大高度差。运河建造中处理坡度的传统方式是使用水闸。即在运河水位高和水位低的部分之间建造一个狭长的水仓，四周以高墙封闭，两侧各有一道闸门（或者一排闸门），可以将水密封在这一空间中。向上游行进的船员先努力驶入水闸中，关上背后的闸门，然后将前方的百叶门提起，让高水位部分的河水流入。水闸渐渐装满水，让水位与运河的高水位平齐。这时船员就可以打开高水位一侧的闸门继续航行了。向低水位方向航行的船员的操作过程与之相反。最初从爱丁堡到格拉斯哥的水路要花一整天，通过 11 道水闸，沿线开关 44 道闸门。这种做法不仅十分费时费力，而且水闸已经被拆除了，因此工程师需要新的解决办法。

今天从爱丁堡沿着联盟运河西行至克莱德或格拉斯哥，最终会到达一处高度差非常大的地段。你会停在一道高架渠上，水流凶猛地向下倾泻，仿佛前方是一片虚空。这就是联盟运河的终点，落差大约有 24 米，相当于 8 层楼高。从这一高度下降到低一级的福斯-克莱德运河上继续航行，船只必须通过一座不同寻常的工程，一把"现代的凯尔特斧"。

船前方是一座巨大的轮子（像摩天轮），直径 35 米。轮子有两个斧状的机械臂，可以旋转 180 度。每只机械臂上都有一只"贡多拉船"形状的容器，可以装下两艘船和 250 000 升的水。由水力驱动的钢门阻止高处的运河水流出。轮上的贡多拉与高架渠的一侧平齐时，运河终端的门与贡多拉上的门同时开启，船只就可以进入贡多拉中。接着闸门关闭，机械臂开始旋转。

游乐场的摩天轮旋转时，你的座位也要同时旋转才能让人保持直立。从摩天轮底部转到顶部时，你的朝向是没有变的。同理，福尔柯克轮（图 13.3）也通过一系列复杂的齿轮装置，保证贡多拉在机械臂旋转时维持水平。完成 180 度的旋转需要的能量并不多——与烧 8 壶水所需的能量相当。这要感谢阿基米德和他著名的定理，即水中的物体排出水的重量相当于自重。例如，如果一侧的贡多拉里有一艘船，另一侧没有，两只贡多拉的重量依然是相同的。船只从贡多拉中排出水的重量与船的重量相等。因此只要两侧贡多拉中的水位一致，只需要很少的能量就可以让轮子转动，接着惯性会让平衡的机械臂一直旋转，直到停止。福尔柯克轮只需要 5 分钟就可以将船只从上游运至下游（或者相反方向），而运河原来的水闸系统则需要一整天来协调操作。

将船只运至
地面的桥

旋转臂

图 13.3　福尔柯克轮：一座旋转桥。©Empato

*

世界上还有一些其他的船舶升降机——如比利时的斯特莱皮-提欧（Strépy-Thieu）船舶升降机，尼德芬诺船舶升降机（Niederfinow Boat Lift，德国最古老的仍在使用的船舶升降机），还有中国的三峡工程（当今世界最大的船舶升降机，垂直升降高度高达 113 米）。对我来说，观看福尔柯克轮上的运输过程特别让人兴奋。也许是因为它让我想起儿时的游乐园。这也显示了工程也有审美，甚至怀旧的一面，会影响我们对待建筑的态度。

第四座：丝桥

一天晚上我正开着电视看书，开电视只是为了让电视节目主持人沉稳的声音填满客厅，并没有在意内容。突然我听到了"坚韧的材料"和"桥梁"这几个词，你也许已经想到，我立刻像猫一样竖起了耳朵。节目里正在讲的是世界上最高效的桥梁建造师之一——出人意料，是一位女士，住在马达加斯加。

她只有指甲盖大小，有八条毛茸茸的腿，全身有树皮一样的纹路。大卫·爱登堡（David Attenborough）解释道，这种纹路是一种保护色，使其免遭天敌捕食。她身体上还有一个吐丝器（spinneret），是她成为出色的桥梁建造师的法宝。

达尔文树皮蛛（Darwin's bark spider）可以建造长达 25 米（是她体长的 1 000 倍）的桥梁，跨越河流甚至湖泊。然而与大多数桥梁建造者不同的是，她的目的并不是从水域的一边到达另一边，而是捕猎食物。

她在河岸的植被中穿行，找寻合适的建造地点（像专业工程师一样），然后从吐丝器中吐出十几条丝。这些丝就像电影中蜘蛛侠手腕中喷出的丝线一样。茂密丛林中的水域上方有自然风流，丝线就被风流带动，形成几乎不可见的一股丝流，飘到河对岸，绕在植被上。这是建造的第一阶段，这股丝叫作桥线（bridging line）。桥线是垂曲线，即受自重向下弯曲。接着树皮蛛会拉一拉丝线，确保牢固，再用腿上小钩子一般的毛发把丝线绕紧一些，使其不会太松。

接着她会沿着丝线检查，边走边吐出更多的丝和分泌物加固桥线，使其更为牢固。到达另一头时，她会在丝线与植物的连接处多绕几圈，保证连接可靠。加固由风吹动黏在植物上的丝线至关重要，这样才能使其承受住整个结构的重量。

现在需要锚定桥线了。树皮蛛会寻找水面上露出的植物，如较大的叶片，然后把丝线移到植物正上方，再慢慢边吐丝边下移，将锚点与水面附近的叶片相连，构成一个"T"字形的蛛网骨架。

接下来的几个小时里，树皮蛛会驾轻就熟地以T形骨架为基础来回移动，吐出更多的丝，不断在桥线和锚定线之间制造弧形的连接线。一些丝线并没有黏性，在建造中只起到结构性作用。另一些则有黏性，在网中起到捕食的作用。最终她建造的成品会是一个直径超过2米的大网。

达尔文树皮蛛是已知的唯一在水上捕食的蜘蛛。猎物包括在水面上滑行的蜉蝣、蜻蜓和豆娘等。蜘蛛网面积很大，像小鸟和蝙蝠等小型生物也可能被捕。

网的面积大得令人震惊，但用于编织网的蜘蛛丝更让人大开眼界——这也理所当然：建造这么大的结构一定需要不同寻常的材料。树皮蛛的丝曾在实验室中接受测试，丝两端系

在钩子上，慢慢拉开，测试结果显示这种蜘蛛吐出的丝弹性
（elasticity）极强。弹性可以让一种材料在力的作用下发生形变
后恢复原状。如果在力消失后材料恢复原状，发生的就是弹性形
变（elastically deform），如果没有办法恢复原状，发生的就是塑性
形变（plastically deform）。实验显示树皮蛛丝的弹性是其他已知蜘
蛛丝弹性的两倍。蛛丝也很有韧性。韧性是一种材料在不断裂的情
况下吸收能量的能力。它是强度（材料能承受的负荷）和延展性
（ductility，不断裂的情况下形变的量）的结合。实际上，达尔文树
皮蛛的丝是已知的最强韧的天然生物材料——甚至比钢还要强韧。

　　结合了弹性和强度的材料是最好的建造材料。例如橡皮筋，
一根薄而细的橡皮筋可以被拉得很长，但只能承受很小的负荷，
它的弹性和延展性很好，但强度不够。一块厚橡胶板可以承受很
大的负荷，但可能会突然断裂，它的强度好，但太脆。树皮蛛的

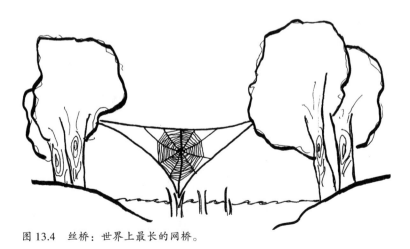

图 13.4　丝桥：世界上最长的网桥。

丝则很好地综合了这些特性——既可以承受巨大的力,也可以拉伸很长却不断裂。这种平衡性使其成了建造世界上最大的蜘蛛网的材料(图 13.4)。

＊

我把达尔文树皮蛛的桥写在书中是为了提醒人们,不是只有人类才会建造结构——树皮蛛证明了人类远远不及自然。以体积大小相比,我们建造的大桥跨度才刚刚赶上这种蜘蛛——日本的明石海峡大桥(Akashi Kaikyo Bridge)是现在世界上跨度最大的大桥,长达 1 991 米。我们很多启发都来自大自然(即仿生学)——津巴布韦东门中心(Eastgate Centre)的通风系统就仿照了多孔的蚁穴,密尔沃基艺术博物馆(Milwaukee Art Museum)的夸特希展厅(Quadracci Pavilion)有像鸟翅膀一样可以伸缩的遮阳板。但我相信可以学习的还有很多。任何一位工程师都想制造出像蛛丝一样又强又轻的超级材料,能够让风将丝线吹到彼岸,横跨河流山谷,让我们可以在几个小时里建造出长长的大桥——就像达尔文树皮蛛一样。

第五座:石舟桥

在东京的酒店里,我和妈妈收到了一张纸,上面写着一串地址,字迹精美,笔画复杂,像图画一般。文字很美,但我们看不懂,所以我们就直接把纸递给出租车司机,希望他能带我们到达目的地。

雨很大，我们几乎看不清到了哪里，但可以知道我们已经离开了都市，周围是陡峭的山丘和茂密的树林。在狭窄盘旋的山路上越爬越高，我们最终到达了一扇红色大门前，上面刻着更为精美的书法。司机停下车，示意我们下车——我希望他会等着我们出来。我拉起衣服拉链，走上一条窄窄的土路，寻找石舟桥（Ishibune Bridge，图 13.5）。这是一架典型的悬索桥（stress-ribbon bridge），直到来到这里之前，我对其一无所知。

图 13.5　石舟桥：一座悬索桥。

这一年年初，我得到了结构工程师协会（Institution of Structural Engineers）的旅行资助——我的项目是研究一种特殊的桥。我在与同事的讨论和研究中了解到悬索桥，这种优雅简洁的桥梁在英国只有不多的实例，于是我希望进一步了解这种桥，想探究为什么它们如此稀少。我的研究计划是去这类桥应用较广泛的欧洲大陆和日本，然后回来汇报。我首先去了捷克，那里的工程师向我介绍了许多使用悬索桥技术的结构，从横跨机动车道的天桥到用同样方法建造的隧道，应有尽有。接着在一所德国大学里，我在实验室里看到了跨度 13 米的吊桥模型，研究员正在对其进行实验和测试。我自己也做了一些"测试"——在桥面上跳来跳去使其产生共振。

你也可以建造一个迷你悬索桥。把两个罐头相隔一米放置，模拟索塔（abutment），接着将两根粗绳放在罐头上，将两端固定在代表地面的桌面上，再用火柴盒当桥面，就做成悬索桥了。在火柴盒两面各穿一个洞，然后将它们放在绳子上。把剪好的橡皮筋从洞中穿过，将火柴盒连起来。橡皮筋会收紧，把火柴盒紧紧拉到一起。

如果你在模型桥的中心往下压，就会发现支撑的绳子会绷紧（换句话说，产生张力），也会对将其固定在桌面上的胶带产生拉力。悬索桥的工作原理也一样。钢索越过水面搭在索塔上。钢索很粗，差不多相当于一个拳头，是由许多条细钢索编成的粗钢绳，外面裹着一层保护橡胶。两端的混凝土索塔支撑着固定在地面上的钢索。钢索固定得非常牢固，足以承受桥上有很多人时带来的压力。混凝土板（即实验中的火柴盒）底部有细槽，放在钢索上方，与其相连固定。板上还有孔，细一些的钢索从孔中穿过，将混凝土板连接起来，使桥面更加牢固。

这种桥梁的形状让我想起了原始的绳桥。这些悬索桥与树皮蛛的丝桥一样，都是垂曲线。悬索桥也非常轻——混凝土板只有200毫米的厚度，钢索自然的曲线形状让它们有着苗条动人的美感。同样重要的是，这些桥梁也很实用，建造起来非常快。桥基建好后，将预制水泥板放到钢索上的过程十分简单快捷，因此建造过程对周围环境的影响也更小。

我来到的这座红色的日本悬索桥跨越了深深的山涧，下方是一条不宽但水流湍急的溪流。雨还在下，我踏上桥面，有点晃动。我在上面用不同的速度走了好几趟，还跳了跳，以感受桥梁的结构。晃动让人不安，这也让我明白虽然悬索桥外形优美、建造便捷，但有些人却不喜欢它的原因了。

因为桥很轻，由绳索支撑，中部会下沉，在桥的两端形成比较陡的坡度，这对推车或者坐轮椅的人非常不便。这种桥也容易晃动——桥重量较轻和弹性大意味着，人在上面走动时会感到不稳定。虽然悬索桥十分安全，但通常都会晃动。中间的下沉和晃动会让人觉得桥不安全。但我走访的三个国家的人非常喜爱这种桥，他们已经习惯了晃动。在其他地方，人们误认为桥不稳定，或固定钢索的地面不够坚固，不足以保证桥梁稳定，可能是悬索桥没有普及的原因。

这时我已经全身湿透了，但还是花了很长的时间研究这件工程杰作（毕竟为了一睹这座在英国难得一见的桥，我跨越了 10 000 公里）。桥晃动时，我一只手紧紧抓住栏杆。我发现很难在桥中间站很久，深深的山谷和下方滚滚的溪流，以及在这里巨大的晃动幅度，都让我害怕。

尽管如此，我也像所有自尊自爱的工程师一样，保证我的母亲拍了足够多我站在桥上的照片，之后我们跑回出租车那里，司机已经放下座椅靠背睡着了。我们乘车回到东京时，身上还是湿的。

我在旅行中走访的悬索桥让我印象深刻：我受到的启发是，简单的绳桥也能够融入新的科技和材料。虽然很现代，但这种新型桥梁还保留了古老原型的简洁与优雅。新的工程不一定总要追求大胆，有时也可以从普通的传统中得到灵感。

*

桥梁当然非常有意思，但你一定想知道我跟搭讪男后来如何了。我能透露的是，我后悔给朋友发邮件夸口我三分钟就摆脱了他。四年后，她在上百人面前大声读出了那封邮件，这是她的伴娘词，场合是我的婚礼。

是的，亲爱的读者们，我和他结婚了。

14
梦 想

试想一下没有工程师的世界。没有阿基米德，抹去布鲁内莱斯基、贝塞麦、布鲁内尔和巴扎尔盖特，忘记法兹勒·汗，赶走奥的斯，对了，还要去掉艾米丽·罗布林和罗玛·阿格拉瓦尔。这样的世界还有什么？

差不多什么也没有。

不会有摩天大楼、钢、电梯、房屋和伦敦地下的排水系统（不敢想象）。没有碎片大厦。不会有电话、网络和电视。没有汽车，甚至是推车——可能有也没用，因为没有道路和桥梁。我们没有东西穿：不会有人将兽皮缝成衣服。没有觅食的工具，没有保证安全的火源，没有土坯房和木屋。

工程是人类文明的一部分。当然，乌鸦也会把铁丝弯成钩子钩取食物，章鱼也会用椰子壳保护自己，但至少到目前为止，人类还是略高一筹。工程学给我们提供了必需品——食物、水源、住房和衣服——还提供了种植粮食、创造文明、飞向月球的方法。成千上万年的发明才成就了我们今天的生活。人类的创造力是无限的，我们会一直想要制造更多，活得更好，解决一个又一个问题。工程学"构建"了我们的生活，塑造了我们生活、工作、存在的空间。

它也将塑造我们的未来。我已经可以看到工程的一些趋势——不规则几何、机器人和三维打印等技术、对可持续性的要求、不同学科的融合（如生物医药工程）、对自然的模仿——虽然其中很多现在看起来还像是科幻小说，但它们会再一次改变环境的面貌和给人的体验。

计算机的处理能力让我们能够画出复杂的形状，如2010年世博会西班牙馆波浪状的表面，毕尔巴鄂（Bilbao）流动般的古根海姆博物馆（Guggenheim Museum），还有外形精美如一只贝壳的阿塞拜疆阿利耶夫文化中心（Heydar Aliyev Center）。建造复杂几何形状的潮流让我们从传统的立方体和长方体建筑转向更自然的形状。目前建造这种形状的建筑还很昂贵，因为需要将钢铁弯成特定的曲线，或者为混凝土制作精确的模具。这些模具的成本可能占到总成本的60%之多，但在混凝土硬化后就成了垃圾。实际上直到今天，柱子、墙壁和梁都是长方体的原因之一，就是为了控制制造模具（或模架）的成本：制造方形的胶合板最为便宜快捷。

因此随着波浪形状建筑的兴起，我们需要思考如何建造它们。（混凝土是不错的选择，硬化前流动的状态使其很容易被塑造成任意形状。）一种方法是使用巨大的聚苯乙烯块，以人工或机器雕刻出混凝土模具的形状。但这会造成极大的浪费，因为混凝土一旦硬化，模具就没有用了。有一个令人兴奋的想法——20

世纪 50 年代就存在，但至今只有极少的应用——是柔性膜模具（flexible membrane mould）。几乎任何材料，从麻布到聚乙烯或聚丙烯做的塑料布都可以用。这些布料一开始没有形状，但加入一些湿混凝土后就会变成非常易于塑型的材料：混凝土与布料相互作用，将布料拉扯移动，最终成型。两种看起来天差地别的材料以压力和阻力的共生关系结合在一起。

西班牙建筑师米盖尔·费萨克（Miguel Fisac）设计的马德里的 MUPAG 康复中心（MUPAG Rehabilitation Center，1969 年投入使用）就使用了这项技术。建筑立面看起来像垫子一样有弹性。位于康沃尔（Cornwall）的哈特兰项目（Heartland Project）的一个入口处的墙面像是悬挂在天上的一片丝绸，只有伸手摸了才知道是坚硬的混凝土。我相信会有更多这样的建筑，体量也会更大。因为用聚乙烯或聚丙烯膜作为模具能大大减少浪费，并且不容易破裂，即使有裂缝也不会进一步扩散。此外，包括混凝土在内的几乎所有东西都不会附着在上面，因此可以多次使用。内部的加固钢骨不需要太大改变，混凝土混合物配比也不需要变化。但目前为止最大的挑战在于，我们还不习惯于这种建造方式。它完全改变了我们的对于结构的审美：建筑师和工程师需要跟上脚步，建造业的物流与采购也是同样。我相信会有这么一天，而当这一天来临时，我就不是唯一一个喜欢在公共场所敲打混凝土的人了。

说起敲打材料：我曾在加利福尼亚大学伯克利分校亲手把玩过一些三维打印的模具（从手掌般到盘子般大小不等），它们能组装成各种小装置、墙壁、立面和棚子。这些模具有很多种颜色。

我询问为什么颜色各异时，被答案惊得目瞪口呆。白色的模具竟然是盐做的；黑色的则是回收的橡胶轮胎；棕色和灰色的材料我们更为熟悉——分别是黏土和混凝土；紫色的是葡萄皮做的，是的，葡萄皮。由罗纳德·瑞尔（Ronald Rael）领导的研究小组正在探索用不寻常的材料（与树脂混合制成打印膏体）来建造。我欣赏的一点是，他们不仅用前瞻性的方式使用传统材料——从有不规则孔洞的几何形状混凝土块到花纹精美的建筑贴面陶砖，还尝试使用回收材料，包括来自当地葡萄酒工厂的材料。他们的一些设计很稳定，不需要其他支撑结构。这让我不禁思考，三维打印与令人激动的新材料结合，是否可以让我们在未来打印出这些材料，自己组装房屋。

此外，三维打印不仅仅用于制造模块。2016 年 12 月，世界上第一座三维打印的人行天桥已经于马德里开放。桥长 12 米，力的传导路径经过精确计算，材料只用于受力的部分——这意味着可以用最少的材料，最大限度减少浪费，制造最轻的成品。同时项目还使用了机器人在工地砌砖和浇筑混凝土：制造业在十年前就已经拥抱这一潮流了，现在建筑业也是时候迎头赶上了。

从形态和材料上回归自然，更进一步的是仿生学，它不仅模仿蜂巢、竹子或者蚁穴的形状，还模仿它们的功能。一个著名的例子是受牛蒡毛刺启发而发明的魔术贴：不仅模仿了小钩子，还模仿了它可以粘到物体表面的能力。大自然用最简单、耗材最少的方式建造，我们在建造中也需要时时借鉴这一原理。例如鸟类的头骨有两层，以复杂的桁架状的骨网相连，之间还布满了气囊——实际上不过是骨头组织在受到压力的细胞周围生长，自然就在其他地方形成了空洞。伦敦建筑师安德烈斯·哈里斯（Andres Harris）设想，可以用鸟头骨一样的结构，周围用网状的垫子填充，来制造曲面顶棚。同样，斯图加特（Stuttgart）的园艺博览会木质展馆（Landesgartenschau Exhibition Hall）也受到了海胆的启发。海胆的骨架由相互套连的小骨头（ossicle）构成，每一块骨头都像海绵一样，非常轻。展厅的中心由 50 毫米厚的胶合板构成，经过软件仔细研究，由机器制造组装。如果你可以奇迹般地将蛋壳拉伸到这么大，胶合板的厚度会比蛋壳还要薄。

自然还可以自我愈合：人体可以感知到身体出现了问题（常常是以疼痛的方式），接着通过一系列的方式解决这些问题。迄今为止，如果结构出现了问题，我们还是需要主动介入进行修复——甚至进行大手术。但利兹大学（University of Leeds）由菲尔·普奈尔（Phil Purnell）带领的团队正在设计可以在道路管道中穿行的机器人。机器人可以像白细胞一样，发现缺陷，并在缺陷引起管道腐蚀或渗漏前修好。制造学会（Institute of Making）的马克·米奥多尼克（Mark Miodownik）正带领团队研发一种三维打印技术，让无人机可以随时修补路面坑洼和其他问题，这样就不需要因为修路而封闭道路了，不仅节省时间，也便于交通——也许这会是道路施工的终结？还有剑桥大学智慧基础设施与建设中心（Cambridge Centre for Smart Infrastructure and Construction）的研究团队正在研究在新结构中加入神经系统。长十几千米的一根纤维光缆有连续的传感元件，可以测量柱子、隧道、墙壁、斜坡和桥梁的受力及温度，不仅能帮助工程师了解设计，还能预警可能出现的问题。

　　如果让我想象一下未来的世界，我觉得会是这些仿生形态的建筑、铅笔一样高耸的摩天大楼和保留下来的历史建筑交织在一起的景象。我们已经有了曼哈顿派克街 432 号（432 Park Avenue）的塔楼傲人的高宽比（高是宽的 14 倍）。为了应对稳定性考验，防止晃动，这些建筑通常都装有阻尼器。我想未来会有越来越多这样的建筑，并且随着日益拥挤的城市对空间的需求更高，建筑会将办公、居住、商铺和公共空间结合起来。我们的历史建筑会随着时间推移性能变差：下水管道无法满足需求，没有完善的保温层导致耗费大量能源，梁和地板发生明显变形。在伦敦你会看到很多精美的历史建筑立面，高耸入云，好像没有支撑。因为它们背后的建筑已经被拆除了，在新建筑建好之前，这些立面其实是用一系列柱梁支撑着。用激光扫描形成详细的三维图纸可以让工程师轻松地了解历史建筑，以及如何将其与新建筑相结合。

　　如果让我想得更远一些，我想象我的后代会住在水底，水舱由玻璃制成，只有纸片厚度，却坚不可摧。我们的桥梁跨度会是今天的十倍，因为它们由未来的"超级材料"石墨烯建造。我们甚至可能通过生物材料"长"出房屋，根据我们的需要生成不同的形状。

　　但现在，我每天晚上回的仍然是我长方形、实心砖砌的老维多利亚式公寓。当我关上灯（仍然拿着我从纽约带来的已经破旧不堪的猫咪娃娃）开始打盹时，我好奇未来的维特鲁威和艾米丽·罗布林会创造出什么——我们敢想的，工程师都能实现。

致　谢

我要感谢以下这些朋友对我的帮助：

史蒂夫·埃博顿（Steph Ebdon）在我心里种下了写这本书的种子，虽然当时我一笑而过说绝对不可能，但我很欣喜我这么做了。

帕特里克·沃尔什（Patrick Walsh），你是出色的经纪人，感谢你相信我的想法，告诉我如何让文章变得饱满，并一路以来给我支持。还要感谢里欧·霍利斯（Leo Hollis）的帮助，以及适时地介绍我认识帕特里克。

娜塔莉·贝罗斯（Natalie Bellos），你是杰出的编辑，感谢你看到了我提案的潜力，并在这些年的写作过程中给予指导。你的洞见、投入（休假时也不例外）和对细节的关注无人可比。还要谢谢丽莎·潘德雷（Lisa Pendreigh）和莱娜·哈尔（Lena Hall）让这本书得以成真，冲过最后的终点线。谢谢帕斯卡·卡里斯（Pascal Cariss）让我的文字掷地有声，你让我的文字有了生命。谢谢本·萨姆纳（Ben Sumner）细致的校对。谢谢布鲁姆斯伯里出版社国际团队哺育了我的成果，并把它变成了今天大家手中的书。

谢谢我拜访过的优秀的墨西哥工程师们，感谢墨西哥国立自治大学工程研究所（Instituto de Ingenieria, UNAM）的埃弗莱因·奥凡多·雪莱博士带我参观主教座堂；还有埃德加·塔皮亚-赫尔南德兹博士（Dr Edgar Tapia-Hernández）、卢西亚诺·费尔南德兹-索拉博士（Dr Luciano Fernández-Sola）、蒂齐亚诺·佩雷亚博士（Dr Tiziano Perea）和阿斯卡波察尔科城市交通大学的雨果·华莱兹-加西亚博士（Dr Hugón Juárez-García）向我介绍土壤问题和地震知识。谢谢英国文化委员会（British Council）组织难忘的墨西哥之行。

感谢潮汐隧道的菲尔·斯特莱德（Phil Stride），科进公司（WSP，Williams Sale Parternership）的卡尔·拉兹科（Karl Ratzko）、尼尔·普尔顿（Neil Poulton）和西蒙·德雷斯科尔（Simon Driscoll），加利福尼亚大学伯克利分校的罗纳德·瑞尔（Ronald Rael），感谢他们抽出时间接受访谈，为我的研究提供帮助。感谢布鲁内尔博物馆（Brunel Museum）罗伯特·胡尔塞（Robert Hulse）的宝贵建议。

感谢结构工程师学会（Institution of Structural Engineers）图书馆的罗布·托马斯（Rob Thomas），他是与这本书相关的所有知识的源泉，帮我找到了最不为人知的材料，并且总是乐于听我抱怨。感谢土木工程师学会（Institution of Civil Engineers）图书馆的黛布拉·弗朗西斯（Debra Francis）的帮助。

感谢马克·米奥多尼克（Mark Miodownik）的书《迷人的材

料》（*Stuff Matters*）给我的灵感（这本书依然是我的床头书），他是你能见到的最善良的人，为我付出了太多。感谢蒂曼德拉·哈克尼斯（Timandra Harkness）支持我并把我介绍给了 *NeuWrite* 的朋友，给我点评与建议。

感谢约翰·帕克、迪恩·里克斯（Dean Ricks）、罗恩·斯莱德（Ron Slade）；感谢所有参与碎片大厦项目的工作人员；感谢科进公司的主任们让我有了不断学习成长的十年。感谢因特瑟维（Interserve）的大卫·霍姆斯（David Holmes）和戈登·丘（Gordon Kew）；艾奕康（AECOM）的约翰·普利斯特兰（John Priestland）、迈克·波顿（Miker Burton）、彼得·萨特克利夫（Peter Sutcliffe）和达兰·利沃（Darran Leaver），他们都是无比支持我的上司们——我知道我并不是一个好管理的下属。

感谢大卫·蒙德里尔（David Maundrill）、乔·哈里斯（Joe Harris）、梅·邱（May Chiu）、克里斯蒂娜·波尔博士（Dr Christina Burr）、詹姆斯·迪克森（James Dickson）、普加·阿格拉瓦尔（Pooja Agrawal）、尼里·阿拉姆贝波拉（Niri Arambepola）、爱玛·鲍伊斯（Emma Bowes）、克里斯·戈斯登（Chris Gosden）、杰里米·帕克（Jeremy Parker）、卡尔·拉兹科（Karl Ratzko）和克里斯·克里斯托弗（Chris Christofi），谢谢我的朋友和同事（及姐姐）阅读各章，核对内容，给予帮助。

感谢那些让我向大众介绍我的工作的工程师、科学家、机构和学会，感谢你们给了我发言和写作的平台。我对我们行业的未来——它的创新、它的影响和它的包容都很有信心。

感谢我的家人、遍布世界的亲戚——我的祖父母、叔叔婶婶、表兄弟姐妹、侄子侄女和我的婆婆——你们一直是我的啦啦队，耐心等待这个巨大项目完工。感谢最近没有见面的朋友——我会回来的。你们永远都在。感谢已经不在人世的我爱的人，我想念你们。

感谢我的父母——海姆·阿格拉瓦尔（Hem Agrawal）和利奈特·阿格拉瓦尔（Lynette Agrawal），我的姐姐普加·阿格拉瓦尔：我该从何说起呢？感谢你们一直告诉我只要努力就能达成一切，用乐高玩具和世界旅行给我启蒙，让我接受最好的教育，不断给我挑战和疑问，感谢你们所有的爱。

最后，我的搭讪男，全名巴德里·瓦达瓦迪基（Badri Wadawadigi）。感谢你在四年的写作中引导我——有时也督促训导我。你比任何人读的次数都多，不断在我不自信的时候鼓励我，在我拖延时督促我，给我意见，感谢你为书起名，鼓励推动我实现更高的梦想，感谢你的爱。希望以后有更多的"今日桥梁"。

以此书献给玛阿和小萨缪尔。

罗玛·阿格拉瓦尔

2018 年 2 月